“十三五”江苏省高等学校重点教材
（编号：2018-2-101）

遗传学概论

程罗根　编著

科学出版社
北　京

内 容 简 介

本书是以作者多年积累的教学知识和教学经验为基础，并广泛参考国内外相关教材和研究成果编写而成。全书共10章，内容包括：绪论、遗传的基本定律与物质基础、遗传变异、遗传工程、转基因植物及其安全性评估、遗传病及其防治策略、遗传与肿瘤、遗传与免疫、优生与优育、保护遗传学等。

本书适合作为各类高校通识课程、博雅课程或公共选修课程的教材，也可以作为广大读者学习遗传学知识的通识读物。

图书在版编目（CIP）数据

遗传学概论/程罗根编著. —北京：科学出版社，2019.9

"十三五"江苏省高等学校重点教材

ISBN 978-7-03-062187-0

Ⅰ. ①遗… Ⅱ. ①程… Ⅲ. ①遗传学-高等学校-教材 Ⅳ. ①Q3

中国版本图书馆CIP数据核字（2019）第182063号

责任编辑：刘 畅 刘 丹 / 责任校对：严 娜

责任印制：张 伟 / 封面设计：铭轩堂

科 学 出 版 社 出版

北京东黄城根北街16号

邮政编码：100717

http://www.sciencep.com

北京中科印刷有限公司 印刷

科学出版社发行 各地新华书店经销

*

2019年9月第 一 版 开本：720×1000 1/16

2020年1月第二次印刷 印张：11 1/2

字数：230 000

定价：49.00元

（如有印装质量问题，我社负责调换）

前　言

遗传学与人类的关系非常密切，食品安全、环境保护、生物制药、疾病防控、优生优育等都与遗传学息息相关，遗传学的理论和技术在农、医、牧、林、渔、工业、制药和环境保护等领域都有广泛的应用，因此，普通大众也确实需要了解遗传学的相关知识。虽然国内已有多种版本的遗传学教材，但是都偏重于学科和专业性，对于其中的内容，稍有生物学基础或者完全没有生物学基础的本科生或者普通读者难以理解；另外，像转基因食品、遗传病的防治、优生优育等内容，涉及遗传工程、人类遗传学、医学遗传学等不同学科，因此，读者要了解这些内容时往往要查询多本教材，这给非相关专业的学生和普通读者造成了学习的困难。为了满足本科生的公共课程教学需要，同时也满足广大读者学习遗传学知识的需要，我们对与人们生活密切相关的遗传学内容进行精选和提炼，以通俗易懂的方式，深入浅出地介绍遗传学的热点和重点问题，使其适合非生物专业的本科生学习或普通读者阅读。

本书是以作者多年主讲的公共选修课程“遗传与人类健康”和博雅课程“遗传学概论”所积累的教学知识和教学经验为基础，并广泛参考国内外的遗传学教材体系和最新研究成果编写而成，主要突出如下特色。

（1）重点突出，主题鲜明

遗传学的研究领域宽广，涉及内容广泛，为了在有限的课时内尽可能地讲清楚遗传学的学科体系，又能使学生了解遗传学的重要性及最新的研究成果，本书以遗传学的基本规律和物质基础为切入点，从理论到应用，从食品到医疗，比较全面、系统地介绍了遗传学的原理、研究热点和主要应用领域。

（2）内容丰富，系统性强

本书以遗传的基本定律、遗传的物质基础、遗传学与人类健康及国民经济的关系为主线，同时吸纳医学遗传学、人类遗传学、毒理遗传学、保护遗传学等学科的相关研究成果，突出遗传学的学科特色。

（3）学术与普及兼顾，扩大教材的应用性

本书的主要目的是向广大读者介绍遗传学的基本知识、遗传学在国民经济中的重要地位、遗传与人类健康的关系，用大量的案例帮助读者加深对遗传学重要性的认识，使大众了解遗传、重视遗传和优生与优育、加强环境和遗传资源保护意识，共同促进人类遗传素质的提高。

本书得到“十三五”江苏省高等学校重点教材项目、江苏省高校优势学科（生物学）建设工程二期项目、江苏省高校品牌专业建设工程项目、南京师范大学重点教材项目的资助。科学出版社对本书的出版和发行给予了大力的支持和帮助，责任编辑为本书的顺利出版付出了大量的心血和劳动。本书引用了来自其他教材和期刊的宝贵资料，作者尽可能地在每章的最后对相关文献进行了注释，但仍难免有遗漏之处，真诚地欢迎原文作者批评指正，以便在今后再版时补充和说明。在教材的筹备和编写过程中，戴传超教授、周长发教授、曹祥荣教授、路遥老师和李燕老师等给予了很多支持和帮助，并提出了许多宝贵的建议。研究生英晓莉、章婷婷、葛梦颖、刘雅慧、陈露在图片搜集、整理等方面做了大量工作。

在此向所有关心、支持和帮助本书出版、发行的专家、同行和机构表示诚挚的谢意！

编　者

2019 年 3 月

目　录

第一章 绪　论

遗传学（genetics）是一门研究生物的遗传与变异的学科，与日常生活和国民经济的关系非常密切，对整个生物科学的发展及人类活动产生了重大的、变革性的影响。

第一节　遗传学的基本概念

生物界纷繁复杂，种类繁多，有的结构简单，有的结构复杂，但各种生物都能以各自的方式产生与自己相似的后代，保持世代间的连续，以延续其种族。与此同时，生物又能以不同的方式发生变异，在保持物种稳定性的同时，通过变异不断产生新类型，使生物不断适应新环境，不断进化。

一、遗传

生物产生与自身相似后代的现象称为生物的自我复制，生物以自我复制的方式使生命在世代间延续，在子代和亲代及子代的个体之间保持相似，这种现象即遗传（heredity）。

遗传学中的亲子概念不限于父母和子女或者一个家族，还可以延伸到包括许多家族的群体；可以以细胞为单位，离体培养的细胞通过有丝分裂产生的子代细胞，保持有亲代细胞的遗传稳定性；也可以扩充到脱氧核糖核酸（deoxyribonucleic acid，DNA）的复制，亲代 DNA 分子通过半保留方式复制，产生两个相同的子代 DNA 分子，以保持亲代和子代间的遗传稳定性。

早在中国古代，人们就发现子代和亲代相似的遗传现象。俗话说的“种瓜得瓜，种豆得豆”，就是对遗传现象的简单说明。因此，遗传是维持物种稳定性的因素，是生命活动的一个基本特征。

二、变异

我们常会看到，同一窝生的小猫或小狗，毛色会有不同（图 1.1）；自己与父母或与兄弟姐妹的相貌都存在差异，“一母生九子，连娘十个样”“世界上找不到两片完全一样的树叶”……这些现象都是变异所致！各种生物的亲代和子代之间及子代的不同个体之间均存在一定的差异，即变异（variation）。

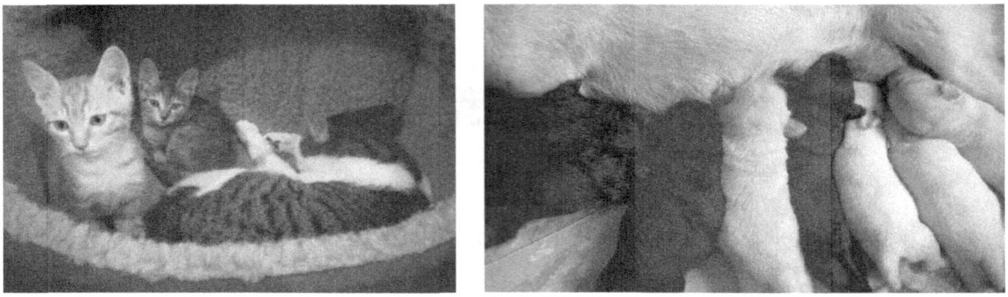

图 1.1 不同毛色的小猫和小狗

根据变异在繁殖过程中能否遗传，可将变异分为两种类型：①可遗传（heritable）的变异，是指遗传物质的改变导致的变异，包括基因突变、基因重组和染色体畸变三种类型，这些变异可以传递给后代。可遗传的变异为生物进化提供了素材。②不可遗传（non-heritable）的变异，是指生物在生长发育过程中，环境条件的作用引起的性状的改变。这些变异只在特征上发生改变而没有遗传物质的改变。例如，锻炼所获得的强壮体魄等都是不能遗传给子代的。这种变异只限于当代，不遗传给后代。如果引起变异的环境条件消失，变异也随之消失。

三、遗传和变异的关系

遗传和变异现象在生物界普遍存在，遗传和变异既相互对立又相互联系。遗传确保了生物的稳定性和世代的延续性，是相对的“不变”；而变异使生物原有的特性发生改变，从而产生新的生物性状或类型，是绝对的“变”。变异是在遗传范围内的变异，只能使后代和上代之间相似而不相同；遗传也受变异的制约，在遗传的过程中始终存在着变异。

遗传和变异构成了生物体内的一对矛盾，在这对矛盾的斗争和转化中，生物不断地发生变异，也不断地通过遗传把某些变异在后代中巩固下来，从而产生了进化。因此，遗传与变异是一对相互对立而又统一的过程，也是生物进化发展的过程。因为有遗传，生命才能自我复制，生物的种族才能延续；因为有变异，子代与亲代之间及子代的个体之间在性状上具有了差异，才促进了物种的变化与发展，产生了生物的多样性，为生物的进化与发展提供了动力。如果没有变异，生物界就失去进化的素材，遗传只能是简单的重复；如果没有遗传，变异不能累积，变异就失去了意义，生物也不能进化。正因为生物具有遗传性与变异性，在生命演化发展的历史长河中，生物才既保持了自己的稳定性，又产生了可变性，出现新类型，经过自然选择，形成形形色色的物种。同时经过人工选择，培育成适合生产需要的各种品种。所以说，遗传、变异和选择是影响生物进化和新品种选育的三大因素。

四、遗传学的研究任务

遗传与变异现象在生物界普遍存在，是生命活动的基本特征之一。遗传学就是一门试图弄清生物之间相互关系的学科，是试图解释生物为什么与双亲相像而又有区别的科学。它是分辨什么遗传、什么不遗传的学科。简单地说，遗传学是研究生物的遗传与变异的学科。

遗传学的研究，不但要阐明生物遗传和变异的现象及其表现规律，深入探索遗传和变异的原因及其物质基础，而且要运用这些规律和研究成果，能动地改造生物，指导动植物和微生物的育种实践，预防和治疗遗传性疾病等，使之成为改造生物的有力武器，更好地为人类服务。

第二节 遗传学的诞生与发展

人类于新石器时代就已经在驯养动物和栽培植物，在早期的农业生产和家畜饲养过程中认识到遗传和变异现象的存在，并通过选择育成了优良品种。早在公元前 4 世纪，古希腊哲学家亚里士多德（Aristotle）就认为，孩子从父母那里接受了一部分血液而与父母相似，即血缘关系。公元前 5 世纪，古希腊医师希波克拉底（Hippocrates）提出了第一个遗传理论，认为子代具有亲代特性是因为在精液或胚胎里集中了来自身体各部分的微小代表元素（element）。西班牙学者科卢梅拉（Columella）在其公元 60 年左右所写的《论农作物》一书中描述了嫁接技术，还记载了几个小麦品种。我国农业历史悠久，是许多作物和家畜的起源中心之一。中国人很早就开始做作物育种工作，并积累了宝贵的经验。公元 533～544 年，中国学者贾思勰在其所著的《齐民要术》一书中论述了各种农作物、果树、竹木的栽培和家畜的饲养，还特别记载了果树的嫁接，树苗的繁殖，家禽、家畜的阉割等技术。春秋时代有“桂实生桂，桐实生桐”，战国末期又有“夫种麦而得麦，种稷而得稷”的记载。东汉王充曾写道“万物生于土，各似本种”，并进一步指出“嘉禾异种……常无本根”，认识到了变异的现象。此后古书中还有“橘逾淮而北为枳”“花之形色变异如牡丹之类，岁取其变者以为新”等。这些都说明古人对遗传和变异现象有了粗浅的认识，改良品种的活动从那时以后从未中断，许多人在这些活动的基础上力图阐明亲代和杂交子代性状之间的遗传规律但都未取得成功。直到 1866 年，奥地利学者孟德尔（图 1.2）根据他的豌豆杂交试验结果

图 1.2 乔治·约翰·孟德尔（Gregor Johann Mendel，1822—1884）

发表了论文《植物杂交试验》，揭示了现在称为孟德尔遗传定律的遗传规律，才奠定了遗传学的基础。

1822 年 7 月 20 日，孟德尔出生于奥地利一个贫穷的农民家庭，从小对植物的生长和开花非常感兴趣。1840 年，他考入奥尔米茨大学哲学院学习。1843 年因家贫而辍学，同年 10 月到奥古斯汀修道院做修道士。1847 年被任命为神父。1851～1853 年在维也纳大学学习物理、化学、数学、动物学和植物学，在那里，他受到恩格尔等杰出科学家的影响。恩格尔是细胞理论发展中的一位重要人物，他对遗传的看法为孟德尔后来的科学实践打下了良好的基础。1853 年，孟德尔从维也纳大学毕业回到修道院，利用修道院内不到 2400ft^{2}①的后花园栽培豌豆、菜豆、玉米、草莓等植物，并经常进行各种植物的杂交试验。孟德尔著名的豌豆试验（图 1.3）是在 1856～1864 年进行的。孟德尔从 34 个品种的豌豆中挑选出 22 个品种用于试验。这些品种都具有某种可以相互区分的稳定性状，如红花或白花、灰色种皮或白色种皮等。孟德尔于 1865 年在布隆（Brünn）自然科学会例会上报告了他的研究结果。1866 年，他将研究成果整理成长达 45 页的论文《植物杂交试验》，发表在《布隆自然科学会志》第 4 卷上。孟德尔应用统计方法分析他的试验结果，提出了假设，又设计严密的试验验证了他的假设，这是人类第一次对遗传现象的认识从单纯的描述推进到了科学的分析验证。遗憾的是，孟德尔的思想和理论远远超越了时代，使得他的工作在当时没有得到应有的重视，而被埋没了 30 多年。

图 1.3 豌豆试验

1900 年，荷兰阿姆斯特丹大学的教授德弗里斯（de Vires）、德国土宾根大学的教授科伦斯（Correns）和奥地利维也纳农业大学的讲师切尔马克（Tschermak）分别在不同国家、互不交流的情况下，在不同植物（月见草、玉米、豌豆）上同时获得了与孟德尔相同的试验结果，同时在查找资料时都发现了孟德尔的论文。三人的论文都刊登在 1900 年出版的《德国植物学会杂志》第 18 卷上。因此，孟德尔遗传定律被重新发现的 1900 年，被公认为是遗传学建立和开始发展的第一

① 1ft^2≈0.0929m^2

年。但是，遗传学作为一个学科的名称，是贝特森（Bateson）于 1906 年在伦敦召开的第三次杂交与植物育种国际会议上首先提出的。在贝特森的提议下，“genetics”这一单词得以广泛用于描述关于遗传的研究。

遗传学是一门发展非常迅速的学科，其发展历程大致可以划分成以下三个阶段。

一、细胞/经典遗传学时期（1900～1940 年）

这一时期大致可以分为两个阶段。

1900～1909 年，除证实了植物中的豌豆、玉米等和动物中的鸡、小鼠、豚鼠等的某些性状的遗传符合孟德尔遗传定律以外，还确立了遗传学的一些基本概念。例如，1903 年，萨顿（Sutton）和博韦里（Boveri）首先发现了染色体（chromosome）的行为与遗传因子的行为很相似，提出了染色体是遗传物质的载体的假设，即染色体学说，从而将孟德尔遗传定律与细胞学研究结合了起来；1908 年，英国数学家哈迪（Hardy）和德国医生温伯格（Weinberg）推导出了群体遗传平衡定律，也即哈迪-温伯格平衡（Hardy-Weinberg equilibrium）；1909 年，丹麦的遗传学家约翰逊（Johannsen）发表“纯系学说”，提出用“基因”（gene）的概念取代孟德尔的“遗传因子”，并创立了基因型（genotype）和表现型（phenotype）的概念，把遗传基础和表现性状科学地区别开，并出版了代表性著作《精密遗传学原理》。

1910～1940 年，通过对遗传学规律和染色体行为的研究确立了遗传的染色体学说。1910 年，摩尔根（Morgan）和他的学生斯特蒂文特（Sturtevant）、布里奇斯（Bridges）和穆勒（Müller）等通过对黑腹果蝇（*Drosophila melanogaster*）的研究，发现了连锁定律，并证明基因直线排列于染色体上。1927 年，穆勒在果蝇中、斯塔德勒（Stadler）在玉米中各自用 X 线成功地诱导基因突变，使遗传学的研究从研究遗传的规律转到研究变异的起源，开启了人工诱变的工作，进一步丰富了遗传学的内容，为育种实践提供了更多的依据。

二、微生物遗传和生化遗传时期（1941～1952 年）

20 世纪 40 年代以后，遗传学的研究普遍以微生物作为研究材料来代替过去常用的动植物材料，取得了以往在高等动植物研究中难以取得的成果。

1941 年，比德尔（Beadle）和同事用粗糙脉孢霉（*Neurospora crassa*）系统地研究了生化合成与基因的关系，提出了“一基因一酶假说”（one-gene one-enzyme hypothesis）；1944 年，埃弗里（Avery）等从肺炎双球菌（*Diplococcus pneumonia*）转化试验中发现转化因子是 DNA 而不是蛋白质；1951 年，麦克林托克（McClintock）发现了跳跃基因（jumping gene）；1952 年，赫尔希（Hershey）和蔡斯（Chase）证明噬菌体（phage）感染大肠杆菌（*Escherichia coli*）时，只有

DNA 进入细胞内，而蛋白质不进入细菌细胞内。这些研究证明，DNA 是真正的遗传物质。

三、分子遗传学时期（1953 年至今）

1953 年，美国分子生物学家沃森（Watson）和英国分子生物学家克里克（Crick）提出 DNA 的双螺旋模型，标志着遗传学又进入了一个新阶段：分子遗传学时期。但是 20 世纪 50 年代只在 DNA 分子结构和复制方面取得了一些成就，而遗传密码、mRNA、tRNA、核糖体的功能等方面则几乎都是 60 年代才得以初步阐明。

1961 年，法国分子遗传学家雅各布（Jacob）和莫诺（Monod）发现原核生物基因表达的“开”和“关”机制，提出了操纵子（operon）学说；1967 年，美国生化学家尼伦伯格（Nirenberg）和印度血统的美国生化学家霍拉纳（Khorana）等完成了全部 64 个遗传密码的破译工作；1968 年，史密斯（Smith）、阿伯（Arber）和内森斯（Nathans）等发现了能切割 DNA 分子的限制性内切酶（restriction enzyme），为基因拼接和遗传工程技术铺平了道路；1973 年，美国遗传学家伯格（Berg）第一次把两种不同生物（SV40 和 λ 噬菌体）的 DNA 人工地重组在一起，首次获得了杂种分子，建立了 DNA 重组技术；1981 年，我国科学工作者完成了酵母丙氨酸 tRNA 的全合成工作，这是世界上首次人工合成的具有生物活性的 RNA 分子；1990 年，人类基因组计划（Human Genome Project，HGP）正式启动，经过美、英、法、德、日、中 6 个国家的 16 个中心上千名科学家的共同努力，于 2000 年 6 月 26 日宣布完成人类基因组草图的绘制工作；2001 年，中、美、日、德、法、英等国的科学家（*Nature*，2 月 15 日）和美国塞莱拉公司（*Science*，2 月 16 日）各自公布了人类基因组图谱和初步分析结果；1997 年，英国罗斯林研究所的科学家维尔穆特（Wilmut）领导的研究小组利用克隆技术，从一只成年母羊的乳腺细胞成功克隆出一只与该羊完全一致的小绵羊，取名为“多莉”（Dolly），标志着高等动物单性繁殖的研究取得了重大进展。

第三节　遗传学的应用

遗传学是生命科学中非常重要的基础学科，所有生物的生、老、病、死都和遗传有着密切的关系。遗传学的发展，不但对探索生命的本质和起源、研究生物的进化历程、促进整个生物科学的发展起着巨大的推动作用，而且在医学、农业、畜牧业、工业、环境保护、国防等领域发挥着极为重要的作用。

一、遗传学在农牧业中的应用

根据遗传学原理，采用诱变、杂交、细胞工程、基因工程等方法培育优良品种，不仅可以较大幅度地提高其产量，改善农产品和畜牧产品质量，也对改进耕作和饲料管理制度、减轻或避免自然灾害的损失等，具有十分重要的作用。

杂交水稻、杂交小麦、杂交玉米等不仅大大地提高了产量，也提高了品质。墨西哥原是一个农业不发达国家，小麦产量很低，1945 年全国小麦平均亩[①]产只有 100 斤[②]。通过种植设立在墨西哥的国际小麦与玉米改良中心培育的一批高产、矮秆、抗病的小麦品种，到 1976 年，墨西哥全国小麦平均亩产达到了 672 斤，从小麦进口国一跃成为小麦出口国。菲律宾原来也是一个农业不发达国家，1960 年国际水稻研究所在菲律宾成立，相继培育出了‘菲律宾水稻’‘奇迹稻’等高产品种，使菲律宾的水稻产量在十几年里成倍增长，到 1977 年，菲律宾摘掉了“水稻低产国”的帽子，成为水稻出口国。中国“杂交水稻之父”袁隆平院士主持的超级杂交水稻培育计划，自 1996 年实施以来，水稻产量不断提升。2014 年在湖南省龙山县超级杂交稻第四期亩产 1000 公斤攻关示范片现场，经过现场测产，按算术平均计算方法，平均亩产突破 1000 公斤，首次实现了超级稻百亩片过千公斤的目标。

用基因工程的方法把一种植物的基因转移到另一种植物，可以提高植物的营养价值，或者增强植物抵抗病虫害和不良环境的能力，或者使之能够从空气中固氮而减少氮肥的使用。美国威斯康星大学的肯普（Kempe）等利用遗传工程技术，从菜豆里克隆出了一个产生蛋白质的基因，把它拼接到根瘤菌 Ti 质粒载体中，并将该 Ti 质粒载体转移到了向日葵的细胞里，再通过组织培养的方法，使这个新类型的“向日豆”的细胞能再生出向日葵植株，并期待它能生产出大量豆类蛋白质。这项工作虽未取得完全成功，但它为植物品种的重大改良开辟了新道路。豆科植物根上有一种根瘤（图 1.4），有许多与之共生的根瘤菌，能将空气中的氮变为氨。据估计，每亩地的根瘤菌一年能制造氮肥 50 多斤。人们正试图将固氮基因转移到稻、麦、棉等非豆科植物中去，使非豆科植物也能固氮。这不但将节约大量的化肥，而且可以大大减少环境污染和土壤板结。目前已有人把一种固氮菌引入了胡萝卜细胞，还有人把豌豆根瘤菌引入了小麦和油菜的细胞。目前，通过基因工程技术培育的抗虫棉花、抗除草剂的作物等，已经大面积种植，大大降低了农业损失。

图 1.4 根和根瘤

在动物抗病育种和动物生产性能改良等方面，遗传学也发挥了重要作用。人们已经获得转入禽类白血病病毒的衣壳蛋白基因的转基因鸡，

① 1 亩≈$666.7m^2$

② 1 斤＝0.5kg

该转基因鸡对禽类白血病病毒具有一定的抗性;科学家将牛的生长素基因转入猪，使其生长速度和饲料转化率都明显提高；克隆羊的成功给无性繁殖优良家畜带来了希望。

二、遗传学在工业上的应用

遗传学的发展使工业生产技术发生了革命性变革,特别是使医药工业有了较大的突破。1921 年，弗莱明（Fleming）首先发现了青霉菌产生的青霉素可以用来治病。但是从自然界中分离得到的菌株，青霉素含量很低，每毫升培养液只有 10 单位，用来生产青霉素成本高、售价昂贵，一般人根本用不起。通过不断的诱变和筛选，青霉菌中青霉素的含量增加了几千倍，达到每毫升三四万单位。采用类似方法，土霉素、链霉素、卡那霉素等抗生素的产量提高了几十倍至上百倍，使抗生素成为人们常用的廉价药物，大大增强了人类抵御疾病的能力。利用遗传工程技术生产胰岛素、生长激素释放因子、干扰素等药品，大大降低了药品的价格。遗传学还在能源和燃料工业、食品工业、酿酒工业、酶制剂工业、造纸工业等领域显示了良好的应用前景。

三、遗传学在医学上的应用

遗传学研究同人类本身密切相关。人类遗传学和医学遗传学的研究使人们对遗传性疾病的种类和病因有了更多的了解；产前诊断和婴儿的遗传性疾病诊断已经逐渐推广；用遗传工程技术对遗传性疾病进行基因治疗也正在探索。人类遗传学研究也是优生学的基础。

大量资料表明，癌的发生与环境有着密切的关系。遗传学研究为致癌物质的检测提供了一系列的方法。虽然目前还没有十分有效的方法治愈癌症，但在环境污染日益严重的今天能够有效地检测环境中的致癌物质，便是一个重大的进展。癌症患病的倾向性是遗传的，环境中的致癌因子或许只对具有特殊遗传素质的人有致癌作用。癌症的起因又同 DNA 损伤修复有关，环境中各种致癌因子只有通过改变人体遗传物质的结构或功能，才能使正常细胞转化为癌细胞。近年来，癌基因的发现进一步说明癌症和遗传的关系密切。所以只有从遗传学的角度研究癌症的发病机理，才能深化对癌症的认识，为防治癌症提供可能的途径。

遗传学在医学上的另一个贡献是帮助人类认知和预防众多遗传病。遗传病是由于遗传物质发生改变而发生的疾病或者由致病基因所控制的疾病，人类群体中 20%～25%的人患有各种不同种类、不同程度的遗传相关疾病。遗传病具有先天性、家族性、终生性和遗传性的特点。因此，遗传病的遗传规律研究、诊断与治疗（基因制剂与基因疗法）方法研发等，维系着家庭幸福和人类的进步与发展。

在法医学方面，DNA 分析为法医物证检验提供了科学、可靠和快捷的手段，

DNA 检测能帮助确定受害人身份和锁定罪犯，为凶杀案、强奸案等重大疑难案件的侦破提供准确可靠的依据。此外，DNA 检测用于亲子鉴定，也是国际上公认最好的一种方法。

四、遗传学与能源开发和环境保护的关系

利用工程菌可以降解植物的茎秆，以产生乙醇，其可替代汽油或柴油，随时为机动装备提供大量生物燃料；科学家预测，当石油和天然气耗尽时，氢气也许是一种较为理想的能源，德国、加拿大等国家积极建立“产氢藻类农场”，美国期望到 2030 年把氢能源作为其主要的能源之一。人类活动产生的许多化学物质，特别是难降解的化学物质，已成为当今环境污染的主要根源之一。利用遗传工程技术筛选、构建高效转化降解微生物，可吸收和分解环境中的有毒、有害物质；利用工程菌可富集废水中的重金属。这不仅可以节约资源，还可以清除污染。

此外，遗传学还与国防（生物武器等）、病原物（细菌、病毒）致病机理研究及其防治、考古中 DNA 的鉴定、体育人才的选拔等有着密切的关系。

思　考　题

1. 何谓遗传学？请简述遗传与变异的辩证关系。
2. 遗传学的发展分为哪几个主要阶段？
3. 遗传学的研究成果在医学上有哪些重要应用？
4. 请查阅相关资料，阐述遗传学对我国农业生产的贡献。
5. 就你目前对遗传学的了解，谈谈你学习这门课程的目的和意义。

主要参考文献

程罗根．2015．人类遗传学导论．北京：科学出版社
程罗根．2018．遗传学．2 版．北京：科学出版社
戴灼华，王亚馥．2008．遗传学．2 版．北京：高等教育出版社
贺竹梅．2011．现代遗传学教程．2 版．北京：高等教育出版社
刘祖洞，乔守怡，吴燕华，等．2013．遗传学．3 版．北京：高等教育出版社
石春海．2007．现代遗传学概论．杭州：浙江大学出版社
朱军．2002．遗传学．北京：中国农业出版社

第二章　遗传的基本定律与物质基础

孟德尔通过 8 年的豌豆杂交试验和分析，得出了遗传因子分离和自由组合的遗传定律。孟德尔遗传定律于 1900 年被重新发现之后，人们用更多的动植物为材料进行杂交试验，其中两对性状遗传的结果，有的符合自由组合定律，有的不符合。摩尔根（Morgan）以果蝇为试验材料进行的研究证明，不符合自由组合定律的一些例证，属于另一类遗传现象，即连锁遗传。连锁遗传成为继孟德尔的两条遗传定律之后的第三条遗传定律。随着生化遗传学的发展，人们逐步弄清楚了遗传的物质基础是脱氧核糖核酸（deoxyribonucleic acid，DNA），在没有 DNA 的病毒中，遗传物质是核糖核酸（ribonucleic acid，RNA）。

第一节　分离定律

孟德尔在修道院任职期间，利用业余时间进行了大量的植物杂交试验，其中豌豆的杂交试验最为出色。经过整整 8 年（1856～1864 年）的不懈努力，孟德尔于 1866 年发表了论文《植物杂交试验》，提出了遗传单位是遗传因子（现代遗传学称之为基因）的论点，并揭示出遗传学的两个基本定律——基因的分离定律和基因的自由组合定律。这两个重要遗传定律的发现和提出，为遗传学的诞生和发展奠定了坚实的基础。

一、孟德尔的试验

孟德尔从 34 个品种的豌豆中选出 22 个在遗传上稳定的品种进行详细观察，再从这些品种的豌豆中，选择了 7 对不同而明显成对性状的纯系豌豆品种作为亲本，分别进行了杂交试验。

生物体表现出来的形态特征和生理特性称为性状。例如，豌豆的株高、花色、种皮颜色、种子形状等都是豌豆的性状。为了研究方便，孟德尔将豌豆的性状总体区分为各个单位，每一个单位就是生物某一方面的特征特性，称为单位性状（unit character），如花的颜色、种子的形状、花的着生位置等都是豌豆不同的单位性状。每个单位性状都有不同的表现，同一单位性状的相对差异称为相对性状（contrasting character）。例如，在种子形状这个单位性状中有圆粒和皱粒不同形态，这是种子形状这个单位性状的相对差异，所以它们是一对相对性状。

孟德尔将选择出来的 7 对相对性状分别进行杂交试验（表 2.1），对杂交试验中出现的性状进行分类、计数和数学归纳。通过观察和分析后发现，成对的两种性状杂交子一代（first filial generation，F_1）个体只表现其中的一种性状，子一代自交产生的子二代（second filial generation，F_2）个体则两种性状都同时出现（图 2.1）。

表 2.1 孟德尔试验的 7 对相对性状

性状	杂交组合	F_1 表现	F_2 表现		
			显性	隐性	比例
花色	红花 × 白花	红花	705 红花	224 白花	3.15 : 1
种子形状	圆粒 × 皱粒	圆粒	5474 圆粒	1850 皱粒	2.96 : 1
子叶颜色	黄色 × 绿色	黄色	6022 黄色	2001 绿色	3.01 : 1
豆荚形状	饱满 × 不饱满	饱满	882 饱满	299 不饱满	2.95 : 1
未熟豆荚色	绿色 × 黄色	绿色	428 绿色	152 黄色	2.82 : 1
花着生位置	腋生 × 顶生	腋生	651 腋生	207 顶生	3.14 : 1
植株高度	高 × 矮	高	787 高	277 矮	2.84 : 1

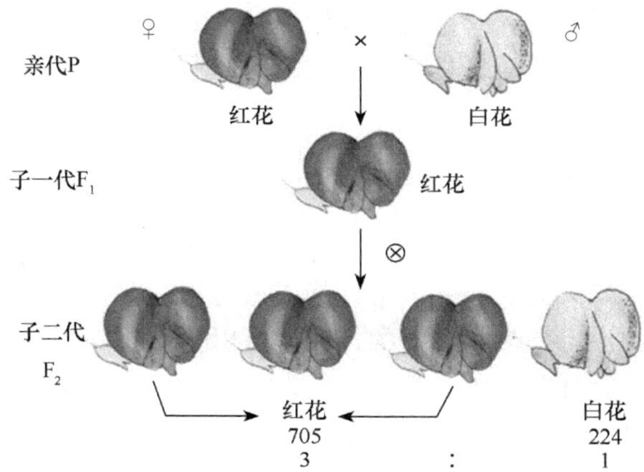

图 2.1 豌豆的一对相对性状的杂交结果

孟德尔把杂交 F_1 表现出来的性状，称为显性性状（dominant character），在杂交 F_1 中被显性性状掩盖而没有表现出来的性状，称为隐性性状（recessive character）。在 F_1 中被掩盖的隐性性状在 F_2 中又重新出现的现象称为性状分离（character segregation）。统计分析结果表明，在 F_2 中，表现显性性状的个体与表现隐性性状个体的比例接近 3 : 1（表 2.1）。

二、试验结果的解释

为了解释上述杂交试验结果，孟德尔提出了遗传因子（inherited factor/determinant，hereditary determinant/factor）分离假说。主要内容如下。

1）遗传性状是由遗传因子（后来用基因的概念取代）决定的。由于在杂交后代中没有看到性状的混合，因此认为遗传因子是颗粒式的。

2）在体细胞中每对相对性状的遗传因子是成对存在的，一个来自父本，另一个来自母本。

3）在形成配子（gamete）时，成对的遗传因子发生分离，分别进入不同的生殖细胞，每个生殖细胞只获得其中的一个遗传因子。

4）受精时，雌配子和雄配子以随机而又均等的机会结合形成合子，使个体中成对的遗传因子又恢复成双。

5）每对遗传因子有显性和隐性之别，在成对存在时，显性遗传因子掩盖隐性遗传因子的表达，所以 F_2 中显性性状和隐性性状的分离比是 3∶1。

为了验证假说的正确性，孟德尔设计了测交（test cross）试验，即将杂种 F_1 与隐性纯合体交配，如果该假说正确，F_1 将产生两种配子，一种带有显性遗传因子，另一种带有隐性遗传因子，这两种配子数目相等。隐性纯合体只能产生一种带有隐性遗传因子的配子。这些配子随机结合，所以测交后代中显性表型与隐性表型的个体数应基本一致。测交试验的结果证明了杂种 F_1 确实产生了两种不同的配子，而且数目相等。后人对孟德尔的假说又进行了反复论证，大量的试验证明孟德尔的假说是正确的，而且具有普遍性，因此后人将孟德尔的遗传因子分离假说称作分离定律（law of segregation）。

三、分离现象的普遍性

分离定律对研究植物、动物、微生物和人类的遗传都具有普遍意义。

受单基因控制的人类所有的正常性状或遗传病，在世代间传递都遵循分离定律。例如，人耳的形态是多种多样的，大体可以分为长耳、短耳、宽耳、狭耳、招风耳等。有的人有耳垂（图 2.2），有的人无耳垂。有关资料表明，长耳、宽耳对短耳、狭耳是显性，有耳垂对无耳垂是显性。短指（趾）（brachydactyly，BD）是人类较常见的手（足）部畸形（图 2.3），由于指（趾）骨或掌骨变短，或指（趾）骨缺如，手指（脚趾）变短。本病是由某对常染色体上的显性基因决定的，男女都可发病，与性别无关。

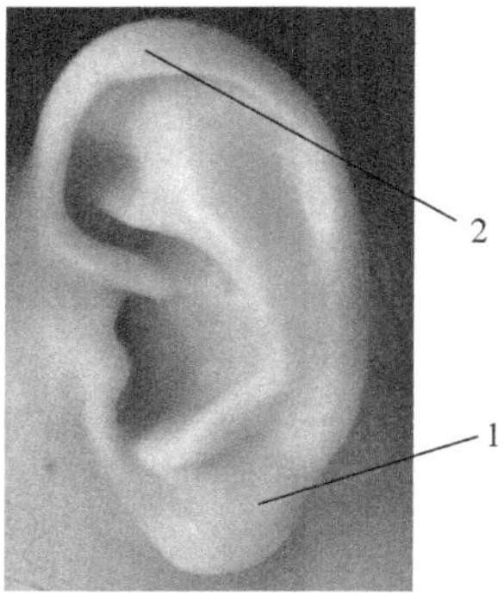

图 2.2　耳郭

1. 耳垂；2. 达尔文结节

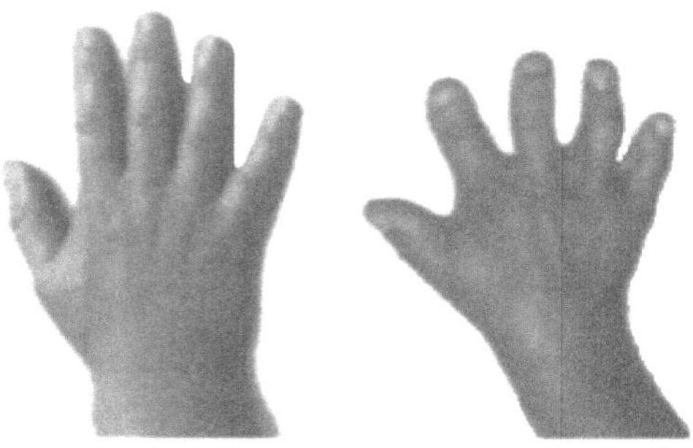

图 2.3　正常手（左）与短指手（右）

四、分离定律的意义

分离定律表明：体细胞中成对的遗传因子并不相互融合，而是保持相对稳定，并且相对独立地传递给后代，从而形成了颗粒遗传的正确遗传观念；由于杂合的遗传因子分离，可能会在亲代、子代之间产生明显的差异，这就是杂交品种只能播种一代的理论依据；由单个遗传因子控制的遗传病在人群中的发病率约为 3.5%（不包括先天性红绿色盲），利用分离定律可以探索这类疾病的发病特点和遗传风险，以便做出准确的诊断和采取相应的防治措施。

五、基因型和表型

1909 年，丹麦遗传学家约翰逊首次提出了基因（gene）的概念，用以替代孟德尔的遗传因子（inherited factor）一词，并创立了基因型（genotype）和表现型（phenotype）的概念，把遗传基础和表现性状科学地区分开。

（一）基因型

生物个体的基因组合称为基因型。基因型表示生物个体的遗传组成，又称为遗传型。基因型是肉眼看不到的，可以通过杂交试验来鉴定。一般用英文字母来表示，大写英文字母代表显性基因，小写英文字母代表隐性基因。例如，豌豆高茎的基因型可用 *DD* 或 *Dd* 表示；矮茎可用 *dd* 表示。

（二）表型

表型是指生物个体的性状表现，是具有特定基因型的个体在一定环境条件下所表现出来的性状特征的总和。它包括基因的产物（如蛋白质和酶）、各种形态特征和生理特性，甚至各种动物的习性和行为等。但在杂交试验中，表现型仅指与分离有关的性状，如豌豆的圆粒和皱粒、果蝇的长翅和残翅等。

（三）纯合基因型与纯合体

具有一对相同基因的基因型称为纯合基因型（homozygous genotype），如 *CC* 和 *cc*。这类生物个体称为纯合体（homozygote）。由显性基因组成的纯合体称为显性纯合体（dominant homozygous），由隐性基因组成的纯合体称为隐性纯合体（recessive homozygous）。

（四）杂合基因型与杂合体

由一对不同基因组成的基因型称为杂合基因型（heterozygous genotype），如 *Cc*。这类生物个体称为杂合体（heterozygote）。

第二节　自由组合定律

孟德尔在总结一对相对性状遗传规律的基础上，进一步研究两对性状的遗传，得出了遗传的自由组合定律。

一、孟德尔的试验

孟德尔将具有两对相对性状差异的亲本（如黄色圆粒豌豆和绿色皱粒豌豆）杂交，F_1 全部表现显性性状（黄圆），F_1 自交，在 F_2 中出现性状的分离，产生 4 种不同类型的个体。在 F_2 出现的 4 种类型的个体中，有两种个体的表型与亲本（黄圆与绿皱）相同，称为亲组合（parental combination），另外两种个体与亲本不同（黄皱和绿圆），称为重组合（recombination）。在这个杂交试验中，黄和绿是一对相对性状，圆和皱是另一对相对性状。统计分析结果表明，在 F_2 中两种亲组合黄圆与绿皱分别占 9/16 和 1/16，两种重组合黄皱和绿圆各占 3/16（图 2.4）。

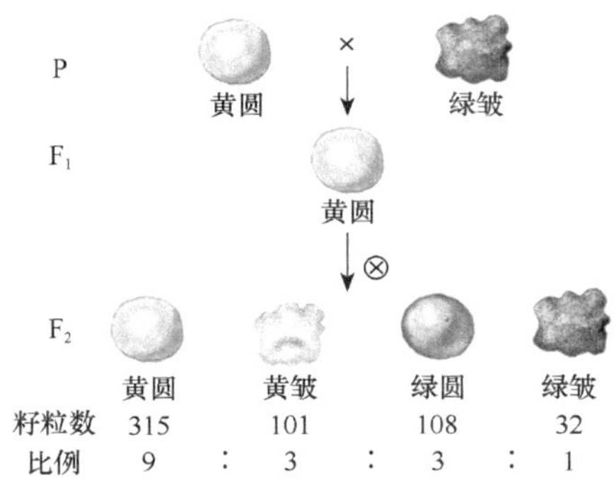

图 2.4　两对相对性状杂交 F_2 分离比

二、试验结果的解释

为了解释上述结果，孟德尔提出遗传因子自由组合假说：不同对的遗传因子在形成配子时独立分配，每对遗传因子中的两个成员分别进入不同配子中，不同对的遗传因子在配子形成时可以自由组合。控制子叶颜色和籽粒形状的遗传因子彼此独立地传递给子代，这两对相对性状的遗传因子在从 F_1 传递给 F_2 时，是随机组合的，因此 F_1 杂合体可以产生 4 种不同的配子，这 4 种配子数目相等。4 种雌配子和 4 种雄配子自由组合，在 F_2 就有 16 种不同的组合方式。由于黄色（*Y* 遗传因子控制）对绿色（*y* 遗传因子控制）为显性，圆粒（*R* 遗传因子控制）对皱粒（*r* 遗传因子控制）为显性，因此在 F_2 中两种亲组合黄圆与绿皱分别占 9/16 和 1/16，两种重组合黄皱和绿圆各占 3/16（表 2.2）。

表 2.2　豌豆两对相对性状 F_1 杂合体的配子分离与自由组合

雌配子	雄配子			
	1/4*YR*	1/4*yR*	1/4*yr*	1/4*Yr*
1/4*YR*	1/16*YYRR* 黄圆	1/16*YyRR* 黄圆	1/16*YyRr* 黄圆	1/16*YYRr* 黄圆

续表

雌配子	雄配子			
	1/4*YR*	1/4*yR*	1/4*yr*	1/4*Yr*
1/4*yR*	1/16*YyRR* 黄圆	1/16*yyRR* 绿圆	1/16*yyRr* 绿圆	1/16*YyRr* 黄圆
1/4*yr*	1/16*YyRr* 黄圆	1/16*yyRr* 绿圆	1/16*yyrr* 绿皱	1/16*Yyrr* 黄皱
1/4*Yr*	1/16*YYRr* 黄圆	1/16*YyRr* 黄圆	1/16*Yyrr* 黄皱	1/16*YYrr* 黄皱

孟德尔采用测交法验证两对基因的独立分配与自由组合，所得结果符合理论假设，即两对基因杂合体与双隐性个体杂交，产生4种不同类型的后代，分离比接近1∶1∶1∶1。后人将孟德尔有关两对性状的分离与自由组合理论称为自由组合定律（law of independent assortment）。现代遗传学研究认为，自由组合定律的实质是：两对或两对以上的等位基因位于非同源染色体上时，在生殖细胞形成过程中，同源染色体上的等位基因分离，非同源染色体上的非等位基因自由组合，以均等的机会组合到同一个生殖细胞中，从而形成了F_2不同比例的表现型。

三、自由组合定律的意义

孟德尔的自由组合定律揭示了两对或两对以上基因的遗传规律，通过双亲中控制不同性状的基因的自由组合，就会在后代中出现各种不同于亲代的新类型，这是“一母生九子，连娘十个样”的主要原因。利用控制不同性状的基因的自由组合，通过有目的地选择、选配杂交亲本，人类就能够有目的地选用优缺点互补的双亲，将双亲优点综合于杂种后代，得到具有双亲优点、克服双亲缺点的优良杂种后代。例如，将丰产但不抗倒伏的小麦品系和不丰产但抗倒伏的小麦品系杂交，通过基因的自由组合和连续几年的选育，就可以获得丰产抗倒伏的优良小麦新品种。在医学实践中，根据基因的自由组合定律，可以分析家系中两种或多种遗传病同时发生的情况，并且推断出后代的基因型和表现型及它们出现的概率，为遗传病的预测和诊断提供理论依据。

第三节　连锁定律

连锁与交换现象是由美国胚胎学家和遗传学家摩尔根（图2.5）在从1909年开始的用黑腹果蝇为材料进行的杂交试验中发现的，被称作遗传学的第三定律。

图2.5　托马斯·亨特·摩尔根（Thomas Hunt Morgan，1866—1945）

一、摩尔根的试验

摩尔根将纯合体灰身长翅果蝇与纯合体黑身残翅果蝇交配，F_1 果蝇都是灰身长翅的，说明果蝇的灰身（*B*）对黑身（*b*）是显性，长翅（*V*）对残翅（*v*）是显性。亲代灰身长翅果蝇的基因型是 *BBVV*，黑身残翅果蝇的基因型是 *bbvv*，F_1 的基因型是 *BbVv*（图 2.6）。

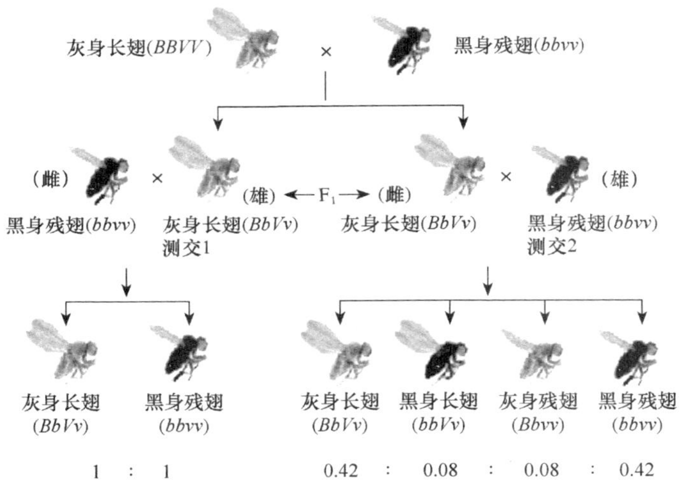

图 2.6　摩尔根的果蝇杂交试验

摩尔根将 F_1 的雄果蝇（*BbVv*）与双隐性的雌果蝇（*bbvv*）进行测交，按照自由组合定律，测交后代应该出现 4 种不同的类型，即灰身长翅、灰身残翅、黑身长翅、黑身残翅，且数量比例应该为 1∶1∶1∶1。但是摩尔根发现，测交的结果与预测结果完全不同，在测交后代中只出现两种和亲本完全相同的类型，即灰身长翅（*BbVv*）和黑身残翅（*bbvv*），在数量上各占 50%（图 2.6 左），很明显，这个测交的结果是无法用基因的自由组合定律来解释的。

摩尔根还做了另一组试验，用 F_1 的雌果蝇（*BbVv*）与双隐性的雄果蝇（*bbvv*）测交，发现测交后代的表型与自由组合定律中测交的结果一样，有 4 种类型：灰身长翅、灰身残翅、黑身长翅和黑身残翅。但是，它们之间的数量关系并不符合自由组合定律中的 1∶1∶1∶1，而是与亲本表现型相同类型的比例很大（占总数的 84%），与亲本表现型不同类型的比例很小（占总数的 16%）（图 2.6 右）。

二、试验结果的分析

摩尔根认为果蝇的灰身基因（*B*）和长翅基因（*V*）位于同一条染色体上，黑身基因（*b*）和残翅基因（*v*）也位于同一条染色体上（图 2.7）。F_1 雄性果蝇产生配子时，位于同一条染色体上的两个基因（*B* 和 *V*、*b* 和 *v*）不能分离，而是连在一起向后代传递，F_1雄果蝇只能产生 2 种雄配子 *BV* 和 *bv*，因此与黑身残翅的雌果蝇交配后，只能产生灰身长翅（*BbVv*）和黑身残翅（*bbvv*）两种类型，各占 50%。这种位于同一条染色体上的不同基因连在一起不发生分离的现象叫作连锁（linkage）。上述雄果蝇的连锁基因之间没有发生交换，这种连锁是完全连锁（complete linkage）。在完全连锁遗传中，后代只表现出亲本类型。目前仅在雄性果蝇和雌性家蚕等少数生物中发现了完全连锁现象。

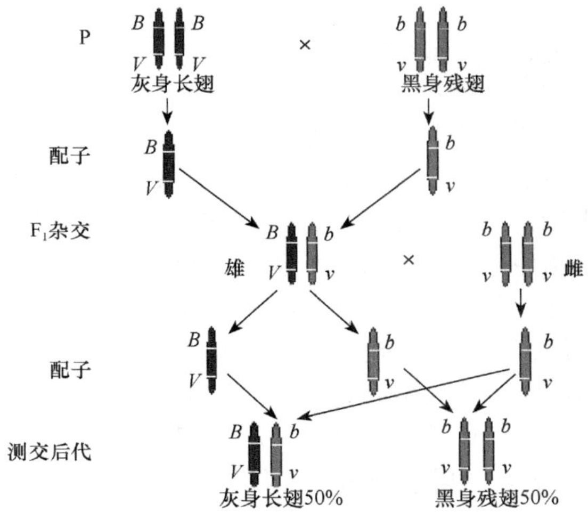

图 2.7　果蝇的连锁遗传

对于第二个测交试验结果，摩尔根认为，位于同一条染色体上的两个基因的连锁关系有时是可以改变的。在细胞进行减数分裂形成配子时，如果同源染色体中来自父方的染色单体与来自母方的染色单体相互交换了对应部分，在交换区段上的等位基因就会发生交换（crossing over），这种交换可以产生新的基因组合。所以测交后代中产生与亲代表型相同类型的同时，也产生了与亲代表型不同的新类型。但是，F_1在形成配子时，位于同一条染色体上的基因（具有连锁关系）倾向于连在一起传递，因而生成的 *BV* 配子和 *bv* 配子特别多（各占 42%），只有一小部分配子中的两个基因因为交换（交叉点正好位于基因 *B* 与 *V*、*b* 与 *v* 之间）而产生了新的组合，生成的 *Bv* 配子和 *bV* 配子很少（各占 8%）。因此，测交后代中：灰身长翅占 42%，黑身残翅占 42%，灰身残翅占 8%，黑身长翅占 8%。在上述雌果蝇的测交试验中，由于基因在向下一代传递的过程中，不仅有连锁，还出现了交换，因此称为不完全连锁（partial linkage）。

三、连锁定律的基本内容

摩尔根的试验结果不仅很好地证实了基因的分离定律与自由组合定律的正确性，而且揭示了遗传的第三个基本定律，即连锁定律。连锁定律的基本内容是：位于同一条染色体上的两个或两个以上的基因在遗传时，联合在一起的频率大于重新组合的频率，即 F_2 中亲组合类型比预期数多，重组合类型比预期数少。重组合类型的产生是配子形成过程中，同源染色体的非姐妹染色单体的对应节段交换的结果。

四、连锁定律的实践意义和理论意义

特定的基因与特定染色体之间的连锁关系分析结果，证明基因位于染色体上；连锁基因之间交换值的数量关系，证明基因在染色体上是按一定顺序和距离呈直线排列的，因此连锁定律具有重要的理论意义。

基因的连锁定律在动植物育种工作和医学实践中都具有重要的应用价值。在育种工作中，如果不利性状与有利性状的基因连锁在一起，就要采取措施打破基因连锁，促成基因交换，使需要的基因重组在一起，从而培育出优良品种；在医学实践中，人们可以利用基因的连锁定律，推测某种遗传病在胎儿中发生的可能性。例如，指甲髌骨综合征是人类的一种显性遗传性疾病，患者的主要症状是指甲发育不良，髌骨缺少或发育不良。致病基因（*NP*）与 ABO 血型的基因（I^A、I^B 或 i）位于同一条染色体上。在患这类疾病的家庭中，*NP* 基因与 I^A 基因往往连锁，而正常的等位基因 *np* 与 I^B 基因或 i 基因连锁，并且已知 *NP* 和 I^A 之间的重组率为 10%。因此可以认为，患者的后代只要是 A 型或 AB 型，一般将患指甲髌骨综合征，不患这种病的可能性只有 10%。因此，患这种病的患者在妊娠时，应及时检验胎儿的血型，如果发现胎儿的血型是 A 型或 AB 型，最好采取流产措施，以免生出指甲髌骨综合征患儿。

第四节　染色质和染色体

染色质（chromatin）是细胞间期核内的一种易被碱性染料着色的无定形物质，是伸展的 DNA 蛋白质纤丝，染色体（chromosome）则是染色质在细胞分裂过程中经过紧密缠绕、折叠、凝缩、精巧包装而成的具有固定形态的遗传物质的存在形式，是高度螺旋化的 DNA 蛋白质纤丝。所以，染色质和染色体是真核生物遗传物质在细胞周期不同时期的两种不同形态。

一、染色质

根据碱性染料对染色质的着色程度不同及染色质的功能，将其分成以下主要类型。

（一）常染色质

常染色质（euchromatin）是指染色较浅而且比较均匀，在细胞间期呈松散状态，分布在靠近核的中心部位，具有转录活性的染色质。

（二）异染色质

异染色质（heterochromatin）着色较深而且致密，在细胞间期呈凝缩状态（condensation），分布在靠近核内膜处，DNA 复制较晚，很少转录或无转录活性，是遗传惰性物质。异染色质有以下两种类型。

1．结构异染色质

结构异染色质（constitutive heterochromatin）的 DNA 在细胞周期的 DNA 复制过程中比常染色质的 DNA 复制稍晚，一般为高度重复的 DNA 序列，没有转录活性。在化学组成上含有较多的尿嘌呤和胞嘧啶。结构异染色质只与染色体结构有关，一般无功能表达，常见于随体 DNA 区、着丝粒区、端粒区、Y 染色体长臂远端 2/3 区段和次缢痕区等部位。

2．兼性异染色质

兼性异染色质（facultative heterochromatin）又称功能异染色质，只在一定的细胞类型和一定的发育阶段才呈凝缩状态而失去功能。例如，女性的两条 X 染色体，在胚胎发育到 16～18 天（合子细胞增殖到 5000～6000 个）后，其中一条 X 染色体发生异固缩（heterochromatinization），产生遗传惰性。这一现象是 1949 年美国学者巴尔（Barr）等在雌猫的神经细胞间期核内发现的，所以将异固缩的 X 染色体称为巴氏小体（Barr body）（图 2.8），由于其和性别及 X 染色体数量有关，所以又称为 X 染色质（X-chromatin）。

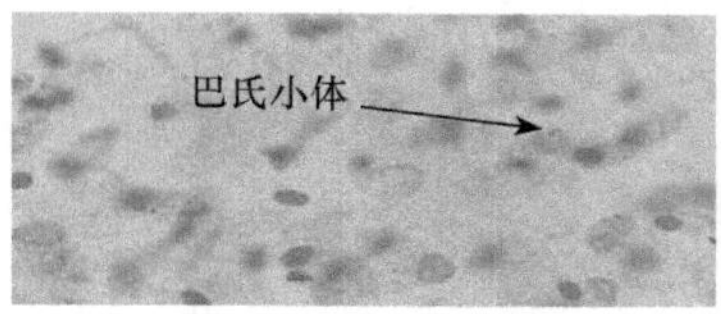

图 2.8　人类巴氏小体

巴氏小体检测在临床上具有重要意义。因为巴氏小体数量等于 X 染色体数量减 1，正常男性细胞核内没有巴氏小体，正常女性细胞核内有 1 个巴氏小体，所以巴氏小体存在与否可以作为胎儿性别鉴定的重要依据。另外，巴氏小体检测还可以判断个体是否有性染色体异常，如果巴氏小体数量超过 1，表明个体有 3 条或 3 条以上的 X 染色体。

二、染色体

染色体是在细胞分裂时，细胞核内易被碱性染料着色的丝状或棒状小体，由染色质螺旋化凝聚而成，是遗传物质的主要载体。与性别直接相关的染色体称为性染色体（sex chromosome）。例如，人类有 2 条性染色体，男性的 2 条性染色体是 X 和 Y，女性的 2 条性染色体是 X 和 X。细胞内除性染色体之外的染色体称为常染色体（autosome）。

（一）染色体的组成与结构

真核生物染色体在细胞分裂的间期表现为染色质的状态，是以双链 DNA 作

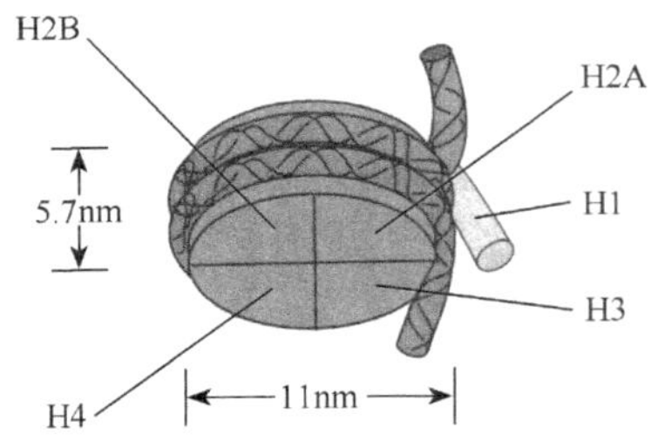

图 2.9 核小体结构模型

为骨架与组蛋白和非组蛋白及少量各种 RNA 等共同组成的丝状结构的大分子物质。真核生物染色质通常含有 5 种主要组蛋白：H1、H2A、H2B、H3 和 H4。由 H2A、H2B、H3 和 H4 四种组蛋白各以两个分子组成近似于扁球体的八聚体，DNA 双螺旋就盘绕在这 8 个组蛋白分子的表面，形成染色质最基本的结构单元——核小体（nucleosome）（图 2.9），在核小体与核小体之间由连接 DNA（linker DNA）和一个小分子的组蛋白 H1 相连。核小体成串排列后又层层折叠压缩，常染色质长度被压缩至 1/2000～1/1000，异染色质长度被压缩至约 1/10 000，从而形成复杂的纤维状结构（图 2.10）。

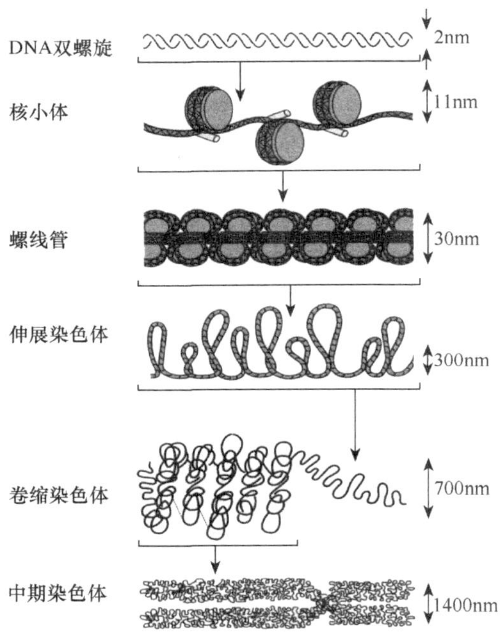

图 2.10 真核生物染色体的结构模型

（二）染色体的形态

染色体的形态结构在细胞周期中不断地变化，一般在有丝分裂中期，染色体的形态最典型，最易辨认和区别，是分析染色体最好的阶段。有丝分裂中期的染色体（图 2.11）主要包括以下部分。

1. 染色单体

每个中期染色体都有两条染色单体（chromatid），互为姐妹染色单体（sister chromatid），通过着丝粒（centromere）相连。在细胞分裂后期，着丝粒分裂，两条姐妹染色单体分离。

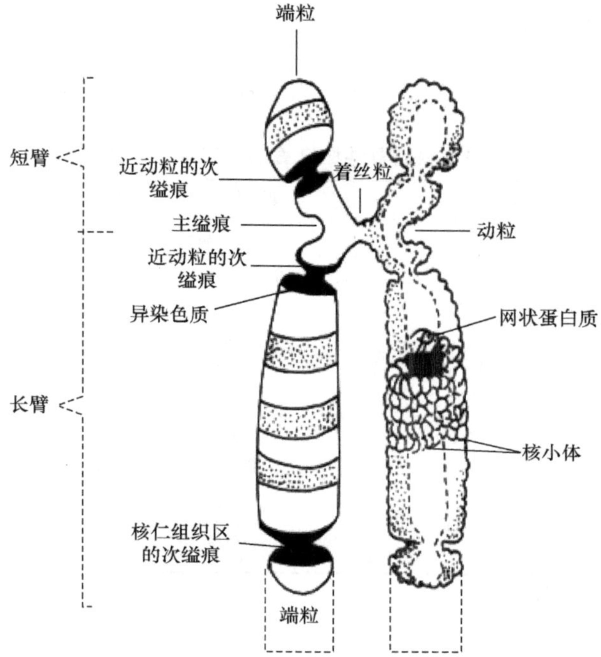

图 2.11　有丝分裂中期染色体模式图

2. 着丝粒

两条姐妹染色单体通过着丝粒相连，染色体在着丝粒处缢缩变细，称为初级缢痕（primary constriction）或主缢痕。

3. 染色体臂

着丝粒将染色体分成两部分，称为染色体臂。比较长的称为长臂（q），比较短的称为短臂（p）。

4. 端粒

在长臂和短臂的末端分别有一特化部位，称为端粒（telomere）。端粒在染色体两端像帽子一样保护染色体，在间期与核膜粘连，在减数分裂时参与染色体的配对。

5. 次缢痕

除主缢痕外，有些染色体的长臂、短臂上还有凹陷窄缩区，称为次缢痕（secondary constriction）。次缢痕的位置相对稳定，是鉴定染色体特性的一个显著特征。

6. 随体

随体（satellite）是位于染色体末端的球形染色体节段，通过次缢痕区与染色体主体部分相连。随体柄部是次缢痕，与核仁形成有关，称为核仁形成区或核仁组织区（nucleolus organizing region，NOR）。

（三）染色体的类型

根据着丝粒的位置，可将染色体分为 4 种类型（表 2.3）。

表 2.3 根据着丝粒位置划分的染色体类型

着丝粒位置	臂比	染色体类型	符号	后期形态
位于或靠近染色体中央	1～1.7	中着丝粒染色体	M	
靠近一端	1.71～3.0	近中着丝粒染色体	SM	
接近染色体的末端	3.01～7	近端着丝粒染色体	ST	
位于染色体的末端	＞7.01	端着丝粒染色体	T	

注：$臂比=\frac{染色体长臂长度}{染色体短臂长度}$

（四）染色体的大小与数量

染色体的大小主要是指长度，各物种的染色体差异很大，同一物种染色体宽度大致相同。染色体的长宽范围：长 0.20～50μm，宽 0.20～2.00μm。

每一种生物体内染色体的数目都是恒定的，这也是物种的特性之一。

有些生物除了正常染色体以外，还存在一些额外染色体，叫作超数染色体（supernumerary chromosome）。这些染色体对细胞和个体的发育及生存没有明显的影响。相对而言，我们把正常染色体称为 A 染色体，而把超数染色体称为 B 染色体。

第五节 遗传物质的分子基础

孟德尔提出，性状是由遗传因子决定的，但是当时的“遗传因子”只是代表决定某个性状遗传的抽象符号。1909 年，丹麦遗传学家约翰逊创造了“基因”这个词，用来表述孟德尔所说的遗传因子，但没有提出基因的物质概念。摩尔根通过对果蝇的研究发现了连锁定律，将特定基因与某一条特定染色体上的特定位置联系起来，赋予了基因以物质的内涵。1953 年，*Science* 发表了当时年仅 25 岁的沃森和 35 岁的克里克的研究论文《核酸的分子结构——DNA 的结构》，报道了

DNA 的双螺旋结构模型，进一步阐明了基因就是 DNA（有时是 RNA）分子上的有遗传效应的一段序列。

一、核酸的发现与早期研究

1868 年，瑞士的内科医生 Miescher 从外科医院包扎伤口的绷带上的脓细胞核中提取到一种富含磷元素的酸性化合物，将其称为核素（nuclein）；后来他又从鲑鱼精子中分离出类似的物质，并指出它是由一种碱性蛋白质与一种酸性物质组成的，此酸性物质即现在所知的核酸（nucleic acid）。1944 年，Avery、MacLeod 和 McCarty 发现，一种有荚膜、表面光滑、具致病性的肺炎球菌中提取的核酸——DNA，可使另一种无荚膜、表面粗糙、不具致病性的肺炎球菌的遗传性状发生改变，转变为有荚膜、具有致病性的肺炎球菌，且转化率与 DNA 纯度呈正相关。若将 DNA 预先用 DNA 酶降解，转化就不发生。该项试验确立了核酸是遗传物质的重要地位。DNA 是遗传物质的进一步证据来自 Hershey 和 Chase 对感染大肠杆菌的病毒的研究。他们用放射性同位素 ^{32}P 标记噬菌体 DNA，^{35}S 标记其蛋白质外壳，再用标记的噬菌体去感染培养的大肠杆菌，结果发现进入细菌体内，使细菌生长、繁殖发生变化的是 ^{32}P 标记的 DNA，而不是 ^{35}S 标记的蛋白质，并且新繁殖生成的噬菌体不含 ^{35}S，只含 ^{32}P（图 2.12）。1956 年，Gierer 和 Schraman 发现烟草花叶病毒（tobacco mosaic virus，TMV）的遗传物质是 RNA（图 2.13），1957 年美国的弗伦克尔-康拉特（Fraenkel-Conrat）和 Singer 用重建试验证实了这一结论。

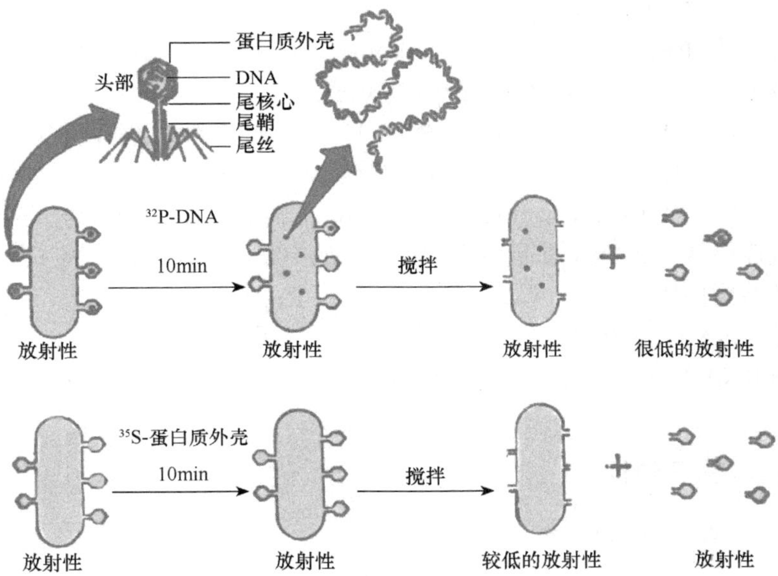

图 2.12　噬菌体感染试验

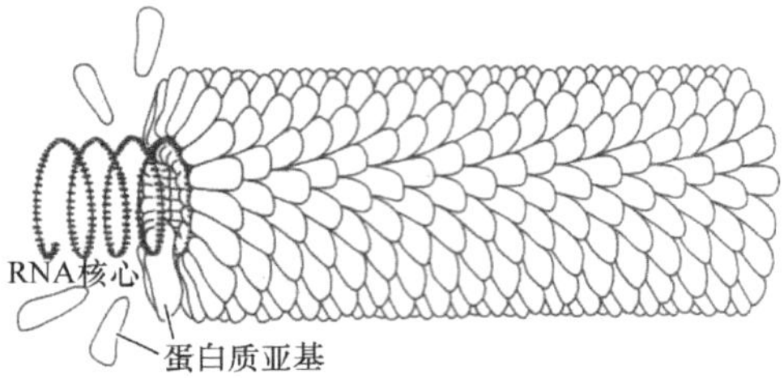

图 2.13　烟草花叶病毒颗粒

二、核酸的种类

细胞中的核酸有两大类：一类是主要分布于细胞核中的脱氧核糖核酸（DNA）；另一类是主要分布于细胞质中的核糖核酸（RNA）。它们是由许多单核苷酸组成的（图 2.14），两类核酸的差异是组成核酸的单位——单核苷酸的化学组成不同，确切地说就是核苷的化学组成有区别。DNA 核苷的戊糖是脱氧核糖（deoxyribose），碱基有鸟嘌呤（guanine，G）、腺嘌呤（adenine，A）、胞嘧啶（cytosine，C）和胸腺嘧啶（thymine，T）；RNA 核苷的戊糖是核糖（ribose），碱基有鸟嘌呤（guanine，G）、腺嘌呤（adenine，A）、胞嘧啶（cytosine，C）和尿嘧啶（uracil，U）。

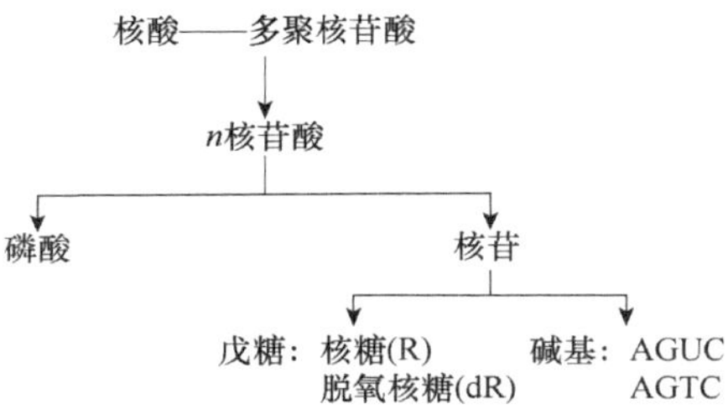

图2.14　核酸的基本结构单位——核苷酸

RNA 主要有以下几种。

1）核糖体 RNA（ribosome RNA，rRNA），是细胞中最主要的 RNA，占细胞总 RNA 的 80%左右。核糖体是蛋白质合成的场所。

2）转移 RNA（transfer RNA，tRNA），是细胞中最小的一种 RNA 分子，占细胞总 RNA 的 15%左右。在蛋白质的生物合成中，tRNA 起携带氨基酸的作用。

3）信使 RNA（messenger RNA，mRNA），占细胞总 RNA 的 5%左右，含量最少，代谢活跃。mRNA 在蛋白质的生物合成中起模板作用，它将 DNA 的遗传信息传递给蛋白质。

上述 RNA 存在于细胞质中，在细胞核里面还存在一些 RNA，如核不均一 RNA（hnRNA）、核内小 RNA（snRNA）、核仁小 RNA（snoRNA）、反义 RNA（asRNA）等。

三、核酸的分子结构

（一）DNA 的一级结构

DNA 的一级结构是指 4 种脱氧核苷酸（dAMP、dCMP、dGMP、dTMP）按照一定的排列顺序，通过磷酸二酯键连接形成的多核苷酸（图 2.15）。由于多核苷酸之间的差异仅仅是碱基的不同，故又可称为碱基顺序。核苷酸之间的连接方式是：一个核苷酸的5′-磷酸与下一个核苷酸的3′-OH形成3′,5′-磷酸二酯键，构成不分支的线性大分子，其中磷酸基和戊糖基构成DNA链的骨架，可变部分是碱基排列顺序。核酸是有方向性的分子，即核苷酸的戊糖基的5′位是不再与其他核苷酸相连的5′端，以及核苷酸的戊糖基3′位是不再连有其他核苷酸的3′端，两个末端并不相同，生物学特性也有差异。

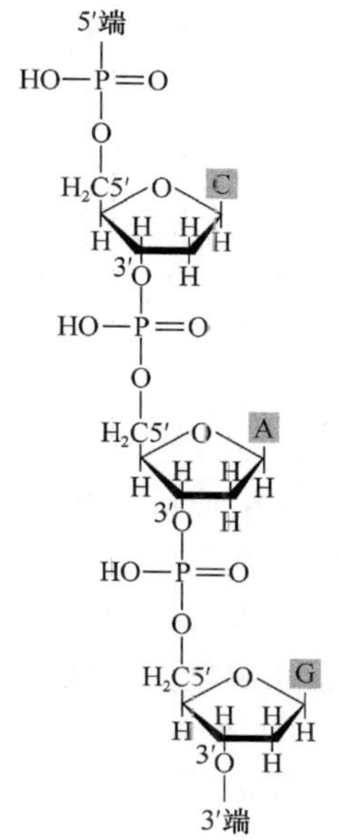

图 2.15 DNA 的一级结构

（二）DNA 的二级结构

20 世纪 40 年代末，Avery 的肺炎球菌转化试验、Hershey 和 Chase 的同位素示踪试验证实了 DNA 就是遗传物质；1953 年，Watson 和 Crick 提出了著名的 DNA 分子的双螺旋结构模型，揭示了遗传信息是如何储存在 DNA 分子中，以及遗传性状如何在世代间得以保持的奥秘，DNA 从此便成为备受世人瞩目的明星分子。Watson 和 Crick 的 DNA 双螺旋模型(double helix model)有以下特点。

1）在 DNA 分子中，两条 DNA 链围绕一假想的共同轴心形成右手螺旋结构，双螺旋的螺距为 3.4nm，直径为 2.0nm。

2）链的骨架（backbone）由交替出现的、亲水的脱氧核糖基和磷酸基构成，位于双螺旋的外侧。

3）碱基位于双螺旋的内侧，两条链中的嘌呤碱基和嘧啶碱基以其疏水的、近于平面的环形结构彼此密切相近，平面与双螺旋的长轴相垂直。一条链中的嘌呤碱基与另一条链中位于同一平面的嘧啶碱基之间以氢链相连，称为碱基互补配对或碱基配对（base pairing），碱基对层间距离为 0.34nm。碱基互补配对总是出现于腺嘌呤与胸腺嘧啶之间（A-T），形成两个氢键；或者出现于鸟嘌呤与胞嘧啶之间（G-C），形成三个氢键。

4）DNA 双螺旋中两条链的走向是反向平行的，一条链是 5′→3′走向，另一条链是 3′→5′走向。两条链之间在空间上形成一条大沟（major groove）和一条小沟（minor groove），这是蛋白质识别 DNA 的碱基序列，与其发生相互作用的基础（图 2.16）。

DNA 双螺旋结构的稳定由互补碱基对之间的氢键和碱基对层间的堆积力（base stacking force）维系。DNA 双螺旋中两条链的碱基互补特点，在逻辑上预示了 DNA 复制过程是先将 DNA 分子中的两条链分离开，然后以每一条链为模板

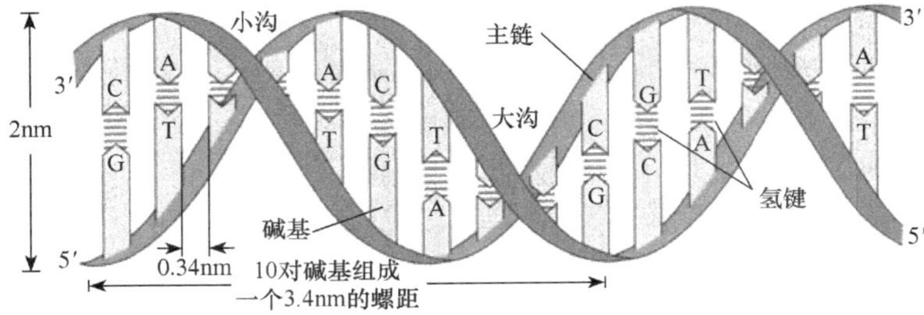

图 2.16　DNA 的双螺旋模型

（亲本），通过碱基互补配对原则合成相应的互补链（复本），形成两个完全相同的 DNA 分子。因为复制得到的每对链中只有一条是亲链（即保留了一半亲链），将这种复制方式称为 DNA 的半保留复制（semi conservative replication）。后来证明，半保留复制是生物体遗传信息传递最基本的方式。

DNA 双螺旋是核酸二级结构的重要形式。双螺旋结构理论促进了近代核酸结构功能的研究和发展，是生命科学发展史上的杰出发现。

四、基因的几种特殊形式

基因是遗传的物质基础，是生命的密码，记录和传递着遗传信息。根据近代基因的概念，基因是一段有功能的 DNA 序列，是遗传的功能单位。

（一）割裂基因

一条染色体只有一条 DNA 双螺旋，若染色体已分裂为两条染色单体，则每一条染色单体含有一条 DNA 双链。在一条 DNA 双链上，细菌、病毒等的基因的可读框是连续的，基因的核苷酸序列都翻译为蛋白质。但在真核生物中，几乎所有的基因内部都含有不翻译的部分，在转录为初级 RNA 转录物后，这一部分序列被切除，从而不被翻译为蛋白质。基因的翻译部分称为外显子（exon），不翻译部分称为内含子（intron）。真核生物基因的编码序列由若干非编码区域隔开，使可读框不连续，这种基因称为割裂基因（split gene）（图 2.17）。

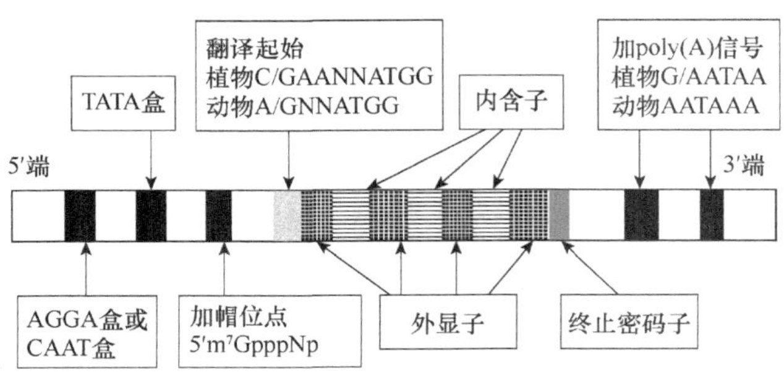

图 2.17　割裂基因

（二）重叠基因

同一段 DNA 序列，由于阅读框或转录范围的不同，可同时成为两个或两个以上基因的组成部分。重叠基因（overlapping gene）是 1977 年桑格（Sanger）在研究噬菌体 ΦX174 时发现的。噬菌体 ΦX174 是一种单链 DNA 病毒，宿主为大肠杆菌。它感染大肠杆菌后共合成 11 个蛋白质分子，总相对分子质量为 25 万左右，相当于 6078 个核苷酸所容纳的信息量。但是噬菌体 ΦX174 的 DNA 本身只有 5375 个核苷酸，最多能编码总相对分子质量为 20 万的蛋白质分子。深入研究发现，噬菌体 ΦX174 有多个重叠基因（图 2.18）。

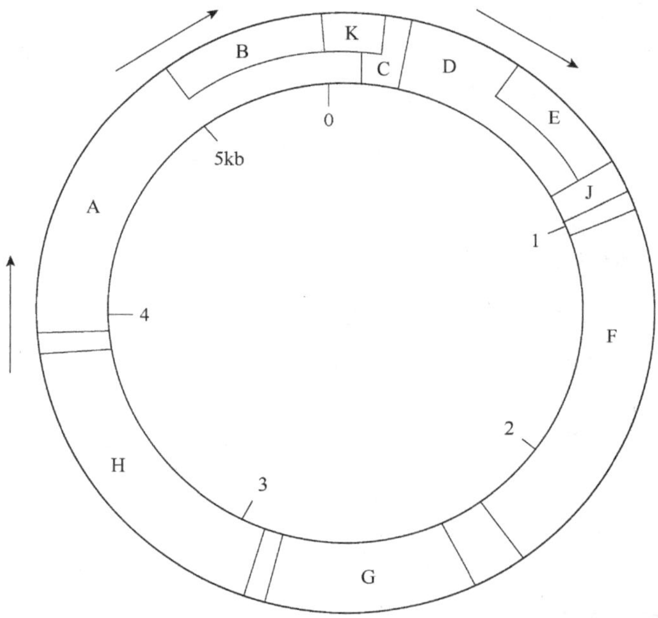

图 2.18　噬菌体 ΦX174 的重叠基因

（三）重复基因

绝大多数编码蛋白质的结构基因都是单拷贝序列，还有一些基因在染色体组上存在多份拷贝，属于重复基因。重复基因往往是生命活动中最基本、最重要的功能相关基因，如 rRNA、tRNA 和组蛋白基因等。人的珠蛋白基因就是一种重复基因，该基因中除了包括已确定的 8 个珠蛋白功能基因和 3 个珠蛋白假基因外，还有一个近年发现的假基因。

（四）跳跃基因

生化遗传和早期分子遗传学还认为基因在染色体上的相对位置是固定的，但是后来发现某些DNA序列可以在染色体上转变位置。跳跃基因（jumping gene）又称为转座子（transposon）、转座因子或转位因子（transposable element），最初是由美国遗传学家麦克林托克（McClintock）在研究玉米遗传时发现的。她发现玉米中有一个特殊的解离因子（dissociation，*Ds*），它的稳定性受到非连锁的激活因子（activator，*Ac*）的影响，当*Ac*存在时，*Ds*在染色体上的位置不稳定，可以从一个位点跳到另一个位点，当*Ds*插入色素基因*C*时，细胞不能合成色素而使胚乳无色，当*Ds*离开*C*基因时，细胞恢复色素合成能力使胚乳有色，从而使玉米粒出现花斑（图2.19）。

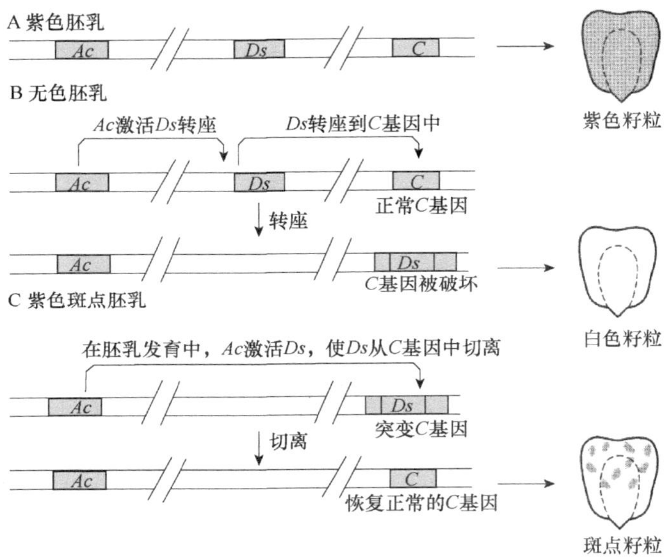

图2.19 玉米的*Ac*/*Ds*因子

五、基因的功能类型

生物的各种生命活动都受到基因的控制，基因组中的各类基因在不同时空程序表达并且受到严密的调控，在与环境的相互作用下，完成整个生命活动。依据物理位置的不同，可将基因分为细胞核基因和细胞器基因两类。按照基因的产物将基因分成如下三种类型。

1. 编码蛋白质的基因

此类包括有翻译产物的基因和产生调节蛋白的调节基因。蛋白质按照功能可以分成酶、运载蛋白、结构蛋白、激素（部分）、抗体和受体六大类。这种编码蛋白质的基因统称为结构基因。

2. 没有翻译产物，不产生蛋白质的基因

此类包括只有转录产物而没有翻译产物的基因，如编码tRNA、rRNA的基因。

3. 不转录的 DNA 区段

此类包括启动子、操纵基因和假基因（已失去功能的基因）等。启动子是转录时 RNA 聚合酶与 DNA 结合的部位。操纵基因是阻遏蛋白、激活蛋白与 DNA 结合的部位。

各类基因间的相互关系如图 2.20 所示。

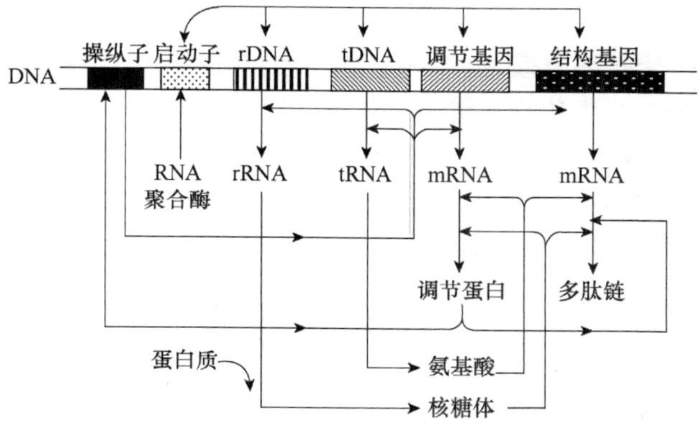

图 2.20　各类基因或 DNA 区段之间的相互关系

六、遗传信息的传递

生物的遗传信息蕴藏于 DNA 序列中，通过 DNA 的复制，亲代 DNA 的遗传信息传递给子代 DNA；在个体的生长发育过程中，遗传信息自 DNA 传递给 RNA，然后翻译成特定的蛋白质，以执行特定的生命活动，使子代表现出与亲代相似的遗传性状。在遗传信息的传递过程中，以原来 DNA 分子为模板合成出相同分子的过程称为复制（replication），生物的遗传信息从 DNA 传递给 RNA 的过程称为转录（transcription），根据 mRNA 链上的遗传信息合成出具有特定氨基酸顺序的多肽链的过程称为翻译（translation）。在某些情况下，RNA 也可以是遗传信息的携带者，RNA 可以通过自我复制（如 RNA 病毒）或反转录方式将遗传信息传递给 DNA（如致癌 RNA 病毒）。1958 年，克里克（Crick）将遗传信息的这种传递方式称为中心法则（central dogma）。经过多次修正，中心法则得到不断发展与完善（图 2.21）。

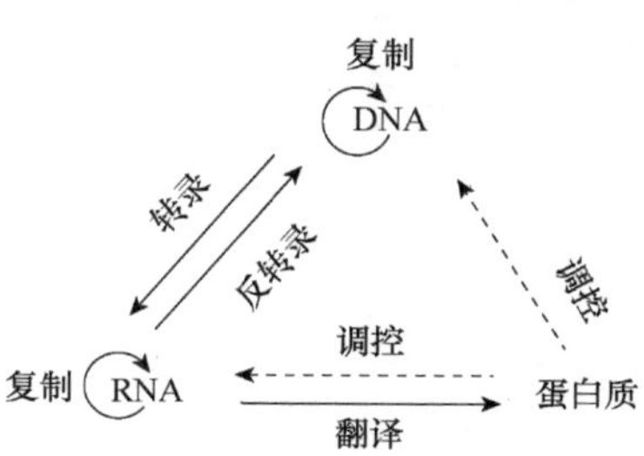

图 2.21　中心法则及其发展

思　考　题

1. 请简述孟德尔遗传因子分离假说的要点。

2. 分离定律的本质是什么？有何理论与实际意义？

3. 简述自由组合定律对育种实践的指导意义。

4. 为什么在连锁遗传中，F_2不能得到 9∶3∶3∶1 的分离比？

5. 染色体和染色质是什么关系？异染色质有哪些类型？

6. 简述染色体的形态特征和主要类型。

7. 请从化学组成、在细胞中的分布和功能等方面比较 DNA 与 RNA 的异同。

8. 基因有哪些特殊类型？

9. 基因有哪些主要功能类型？

10. 什么是 *Ac*/*Ds* 因子？请简述 *Ac*/*Ds* 系统控制玉米胚乳细胞色素性状嵌合表达的机理。

11. 简述遗传信息的传递途径。

主要参考文献

程罗根. 2015. 人类遗传学导论. 北京：科学出版社
程罗根. 2018. 遗传学. 2 版. 北京：科学出版社
戴灼华，王亚馥. 2008. 遗传学. 2 版. 北京：高等教育出版社
贺竹梅. 2011. 现代遗传学教程. 2 版. 北京：高等教育出版社
刘祖洞，乔守怡，吴燕华，等. 2013. 遗传学. 3 版. 北京：高等教育出版社
石春海. 2007. 现代遗传学概论. 杭州：浙江大学出版社
朱军. 2002. 遗传学. 北京：中国农业出版社

第三章 遗传变异

遗传与变异是生物界的普遍现象，也是物种形成和生物进化的基础。遗传（heredity）是指亲代与子代之间的相似性，变异（variation）则是指亲代与子代间和子代个体间的差异。遗传使物种得以延续，变异则使物种不断进化。不可遗传的变异只在特征上发生改变而没有遗传物质的改变；可遗传的变异主要是由基因突变、基因重组和染色体畸变所致。基因重组是原有基因的重新组合，并没有产生新基因，而基因突变和染色体变异则发生了遗传物质的质或量的改变，是产生生物多样性或人类遗传病的根本原因。

第一节 基因突变

基因虽然十分稳定，能在细胞分裂时进行精确的复制，但是这种稳定性是相对的，在一定的条件下，基因可能会发生碱基对组成或排列顺序的改变，从原来的存在形式突然改变成另一种新的存在形式，这就是基因突变（gene mutation）。

一、基因突变的类型

DNA 序列或组成的任何改变，都可能导致基因突变。由于基因突变而表现突变性状的细胞或个体，称为突变体（mutant）或突变型。

（一）根据突变的原因分类

1. 自发突变

自发突变（spontaneous mutation）是指在没有人为特设的诱发条件下，由外界环境的自然作用或生物体内生理或生化变化而引发的突变。自发突变现象在自然界普遍存在，如老虎的白化、猫的金银眼、绵羊的短腿、人的白化病、玉米的白化苗等。

2. 诱发突变

诱发突变（induced mutation）又称人工诱变，是指由人为特设的物理的或化学的诱变因素引起的突变。其常用于基因功能的研究、种质资源的改良及优良新品种的培育等方面。

（二）按照突变的效应分类

1. 同义突变

同义突变（synonymous mutation）是指基因的组成发生了变化但功能没有改变的突变。

2. 错义突变

错义突变（missense mutation）是指基因的碱基序列改变引起了氨基酸序列的变化。有些错义突变严重影响到蛋白质的活性甚至使之完全失活，从而影响表型。

3. 无义突变

无义突变（nonsense mutation）是指某个碱基的改变使代表某个氨基酸的密码子变为蛋白质合成的终止密码子，导致多肽链在成熟之前终止合成。

4. 延长突变

终止密码子突变为编码氨基酸的密码子，使肽链延长，故称为延长突变（elongation mutation）。

5. 回复突变

改变野生型性状的突变称为正向突变（forward mutation）。突变体通过第二次突变使野生型性状恢复的突变称为回复突变（back mutation 或 reverse mutation）。

6. 抑制突变

在回复突变中真正的原位回复突变很少,大多数是原来的突变位点依然存在，通过第二位点再发生一次突变而使其突变的表型效应得到抑制，因此称为抑制突变（suppressor mutation）。

（三）按突变的分子机理分类

1. 点突变

点突变是核苷酸位点的变化，可以是碱基的替换（base substitution），或者是碱基的插入（base insertion）或缺失（base deletion）（图 3.1）。

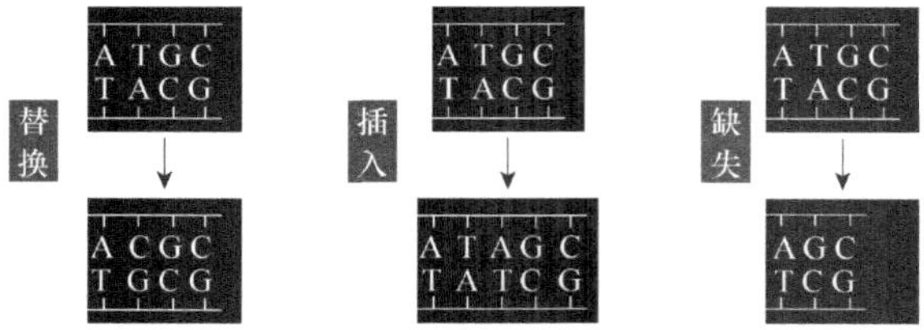

图 3.1　点突变的类型

2. 移码突变

遗传密码由 3 个连续的核苷酸组成，每个密码子决定多肽链上一个相应的氨基酸。从起始密码子开始到终止密码子结束，其间没有重叠、没有间隔，因此插入、缺失一个或两个碱基对都能引起遗传密码的编码发生变化，称为移码突变（图 3.2）。

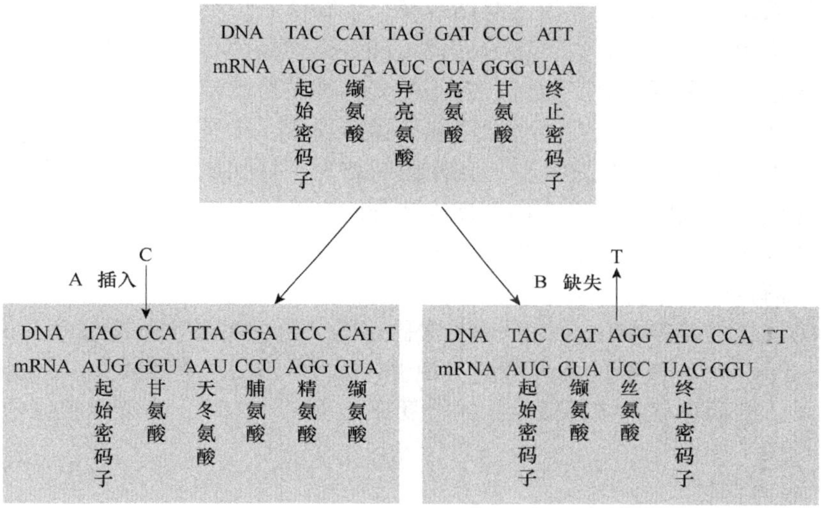

图 3.2 碱基对插入或缺失引起的基因突变

（四）按突变引起的表型特征分类

1. 形态突变

形态突变（morphological mutation）或称可见突变（visible mutation），是指肉眼可见的突变，如个体大小、形状、结构、色泽等的改变。

2. 生化突变

导致某种特定生化功能（如代谢过程）改变的突变称为生化突变（biochemical mutation），如代谢性疾病、抗药性等的改变。

3. 致死突变

能造成个体死亡的突变称为致死突变（lethal mutation）。

4. 条件型突变

有些突变类型在许可条件下生长正常或接近正常，在非许可条件下表现出病态或死亡，这类突变称为条件型突变（conditional mutation）。例如，噬菌体 T_4 为温度敏感型，在 25℃时能在 *E. coli* 体内正常生活，而在 42℃时则不能存活而死亡。

二、基因突变的特点

基因种类繁多，突变形式多样，但是各种类型的基因突变都具有如下主要特点。

1. 随机性

基因突变可以发生在个体发育的不同时期，也可以发生于生殖细胞或体细胞中。一般来说，基因突变发生的时期越晚，生物体表现突变的部分就越少。发生在生殖细胞中的突变，可以传递给后代，许多植物品种和家养动物选育的优良性状，如金鱼、各种观赏犬、家兔、鸡等的变异都是对生殖细胞突变基因选育的结果；发生在体细胞中的突变，一般不能传递给后代，但是果树枝条的生长点或分生组织的细胞突变能产生突变芽，利用组织培养、扦插或嫁接等无性繁殖方法，从突变芽或突变枝能获得突变体。动物体细胞突变往往引起病变或细胞的恶性增殖。例如，人类肿瘤和衰老等都与体细胞基因突变的积累有一定的关系。

2. 稀有性

作为遗传的基本单位，基因是非常稳定的。野生型基因的突变率（mutation rate）非常低，不同生物的基因及同一种生物的不同基因，其突变率也不相同。一般情况下，细菌和噬菌体等微生物的突变率是 10^{-10}～10^{-4}，高等动植物的突变率是 10^{-8}～10^{-5}。

3. 多方向性

基因的突变可以向着不同方向进行，由此产生一系列的等位基因。例如，基因 A 可以突变为 a，也可以突变为 a_1、a_2、a_3 等。a、a_1、a_2、a_3 等都是 A 的等位基因，位于同一基因位点上的两个以上的等位基因在遗传学上称为复等位基因（multiple allele）。复等位基因的出现，增加了生物的多样性，为生物的适应性和育种工作提供了丰富的资源。

基因突变的多方向性是相对的，每个基因在突变方向上有一定的限制。例如，小鼠毛色基因的突变，只限定在色素的范围内，不会超出这个范围。

4. 可逆性

突变是可逆的，但是正向突变与回复突变的频率一般不一样，在大多数情况下，正向突变率总是高于回复突变率。例如，组氨酸基因（his^+）的正向突变率是 2×10^{-6}，回复突变率为 4×10^{-8}。

5. 重演性

同种生物的某个基因的突变，可以在不同的个体、不同的世代中重复出现。其主要表现在两个方面：①同一基因突变在不同的个体上均可能发生；②不同群体中发生同一基因突变的频率相近。

6. 平行性

基因突变的平行性是指亲缘关系相近的物种因遗传基础比较类似往往发生同型基因突变的现象。例如，小麦有早熟、晚熟变异类型，属于禾本科的其他物种如大麦、黑麦、燕麦、高粱、玉米、黍、稻、冰草等也同样存在这些变异类型。由于突变平行性的存在，如果在某一个种或属内发现一些突变，可以预期在同种的其他物种或属内也会出现类似的突变，这对人工诱变有一定的参考意义。

7. 独立性

一个基因的突变并不会导致其等位基因及其附近其他基因也发生突变，即等位基因中的两个基因不会同时发生突变。假如一对显性等位基因 *AA* 中的一个 *A* 突变成 *a*，另一个 *A* 基因仍保持显性而不受影响。

8. 有利性与有害性

大多数基因的突变，对生物的生长与发育往往是有害的。因为生物细胞内现有的基因是通过长期自然选择进化而来的，基因间达到了某种相对平衡与协调状态，而基因的突变可能会打乱这种平衡与协调状态，从而引起生物个体性状变异、发育异常、生存竞争与生殖能力下降，甚至死亡等不良后果。但是，突变的有害性是相对的，同样的突变类型在某种条件下有害，但在另一种条件下可能变得有利。例如，在高秆作物群体中出现矮秆的突变体，因受光不足、发育不良，表现为有害性，但是在多风或高肥地区，矮秆植株因有较强的抗倒伏能力，生长更加茁壮，矮秆反而有利。另外，就人类的需求与生物本身的生存而言，突变的有害性和有利性有时也是不一致的。例如，玉米、高粱等作物的雄性不育突变，对生物本身有害而对人类却有利，它可以让人类在利用杂种优势进行杂交育种的过程中免除人工去雄的繁重劳动。

第二节 染色体畸变

染色体畸变（chromosome aberration）是指体细胞或生殖细胞内发生的染色体数量或结构的变化。染色体畸变可以自然发生，也可以利用理化因素诱导。

一、染色体结构的变化

染色单体如果发生断裂，新的断裂点不稳定，容易发生重接或交换，从而导致各种形式的结构畸变。

1. 缺失

缺失（deletion）是指染色体上某一区段及其基因一起丢失引起变异的现象（图 3.3）。如果缺失的片段包括了重要的基因，则可导致个体死亡。

2. 重复

重复（duplication）是指染色体上增加了相同的某个区段引起变异的现象（图3.4）。重复使某些基因数量增加，造成与其他基因之间的数量不平衡，从而给配子的生活力与个体的生长发育带来一定的不良影响。

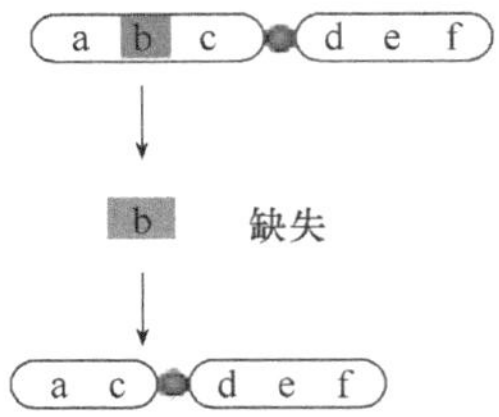

图 3.3　染色体缺失模式图

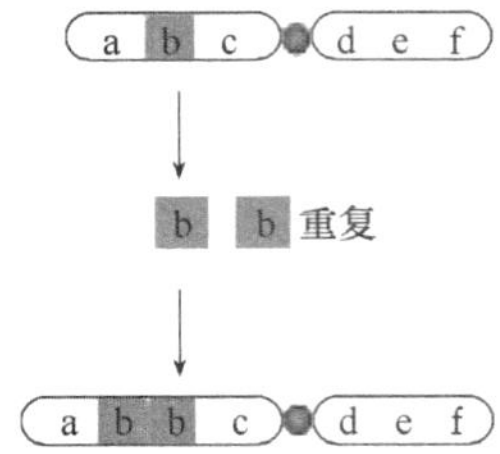

图 3.4　染色体重复模式图

3. 倒位

倒位（inversion）是指染色体上某一区段连同其上带有的基因顺序发生 180°的倒转引起变异的现象（图 3.5）。倒位使基因的排列顺序发生变化，从而使相关基因之间的交换值发生改变。

4. 易位

易位（translocation）是两对非同源染色体之间发生某个区段转移的畸变（图 3.6）。

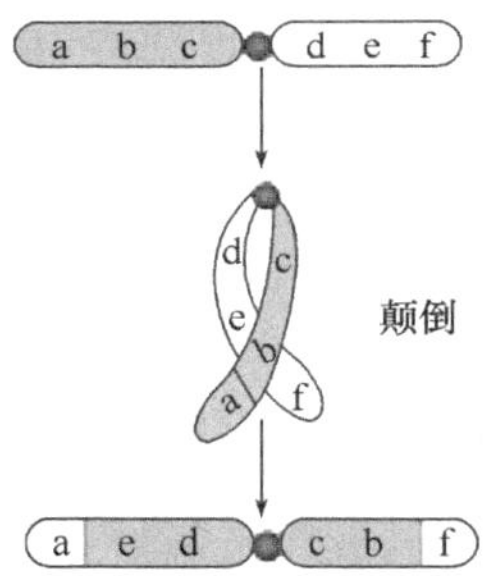

图 3.5　染色体倒位模式图

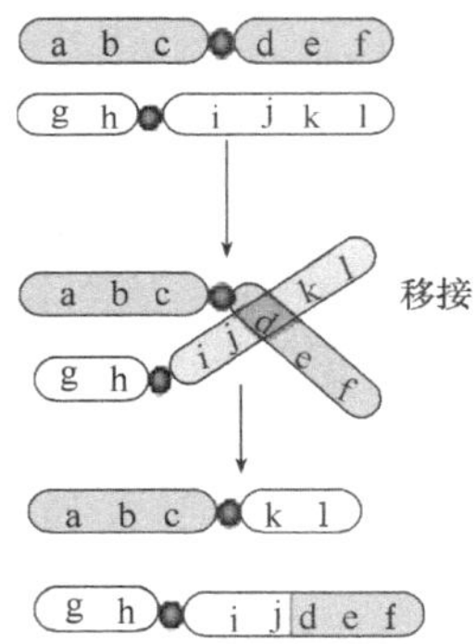

图 3.6　染色体易位模式图

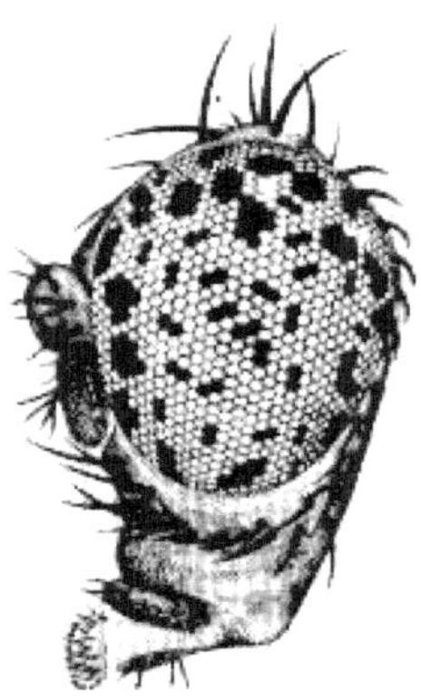

图 3.7　控制果蝇复眼颜色的基因易位而出现的花斑型位置效应

在易位过程中，一般不会改变基因的量，但是一条染色体的片段错接到了另一条非同源染色体上后，使原来有连锁关系的一些基因变为不连锁，而原来没有连锁关系的基因变为连锁，从而导致生物的变异。如果位于常染色质区的基因易位到异染色质区或其附近，导致该基因的异染色质化，使其作用受到抑制，表现出不稳定的表型效应，称为花斑型位置效应（variegated type position effect）。例如，当果蝇 X 染色体上的红眼基因 W^+易位到异染色质区时，就会出现红白相间的复眼（图 3.7）。

二、染色体数量的变化

每种生物都有数目稳定的染色体（表 3.1），这是长期的自然选择和进化的结果。如果染色体的数目发生变化，就会打破遗传平衡关系，从而产生遗传变异。

表 3.1 常见生物的染色体数量

生物	染色体数目/条	生物	染色体数目/条	生物	染色体数目/条
人	46	猕猴	42	玉米	20
马蛔虫	2	大猩猩	48	白菜	18
果蝇	8	家蚕	56	银杏	24
鸡	78	蜜蜂	雌 32，雄 16	番茄	24
狗	78	猫	38	烟草	48
牛	60	果蝇	8	甘蓝	18
马	64	鸭	80	陆地棉	52
驴	62	小白鼠	40	大豆	40
骡	63	水稻	24	洋葱	16
绵羊	54	普通小麦	42	西瓜	22
山羊	60	大麦	14	豌豆	14
猪	38	豌豆	14		

二倍体生物中来自一个配子的一套染色体及其上的一套基因，称为染色体组（genome/chromosome set），通常用符号 n 表示。染色体数目的变化可以以染色体组为单位进行增加或减少，这种数目变化称为整倍体变化。如果染色体的数量变化不是以染色体组为单位，而是在二倍体的基础上增加或减少一条或几条完整的染色体，则称为非整倍体变化。

（一）整倍体变化

1. 单倍体

单倍体（haploid）是指细胞核中含有一个完整染色体组（n）的个体。在自然界中有许多由孤雌生殖形成的自然单倍体，如蜜蜂、蚂蚁和白蚁的雄性个体，它们都具有正常的生殖能力。自然界中还有一些天然的单倍体，表现为个体弱小、生活力差、减数分裂不正常等，只有少数能产生含有完整染色体组的有效配子。例如，水稻、小麦、玉米、高粱、烟草、番茄、辣椒等 80 多种高等植物中都发现过这种自然单倍体。

虽然单倍体的育性很低，但是通过对单倍体的染色体加倍，可以获得纯合的二倍体（图 3.8）。因此，育种工作者常通过融合生殖、花粉或花药培养、种间或属间远缘杂交等手段来培育人工单倍体。

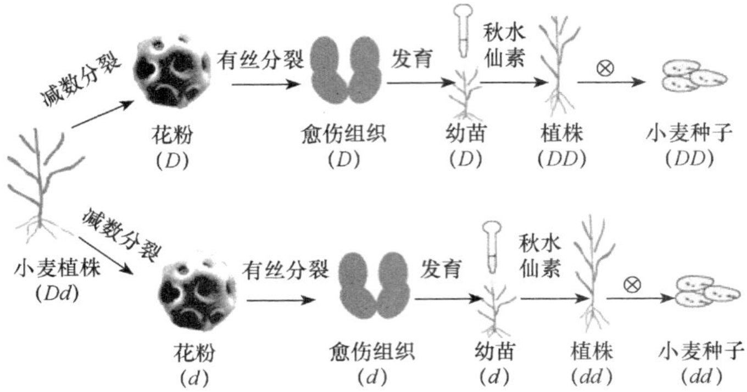

图 3.8　利用人工单倍体培育纯合二倍体示意图

2. 二倍体

体细胞中含有两个染色体组的个体称为二倍体（diploid）。几乎全部的动物和过半数的高等植物都是二倍体，如人（*Homo sapiens*）、家蚕（*Bombyx mori*）、黑腹果蝇（*Drosophila melanogaster*）、玉米（*Zea mays*）、水稻（*Oryza sativa*）、萝卜（*Raphanus sativus*）等。

3. 多倍体

具有三个或三个以上染色体组的整倍体称为多倍体（polyploid）。在多倍体中，如果染色体组来自同一物种，则称为同源多倍体（autopolyploid）；如果染色体组来自不同物种，则称为异源多倍体（allopolyploid）。

（1）同源多倍体

同源多倍体一般是由二倍体的染色体直接加倍产生的，在植物界比较常见，但在动物中比较少见。同源多倍体中最常见的是同源四倍体和同源三倍体。同源四倍体与二倍体相比，大多表现出细胞体积增大，有时出现某些组织器官（如气孔、叶片、花朵、果实、种子等）的巨型化，生物个体更高大、粗壮，生化反应与代谢活动加强。例如，大麦同源四倍体籽粒的蛋白质含量比二倍体原种增加10%～12%，玉米同源四倍体籽粒的胡萝卜素含量比二倍体原种增加 43%。但四倍体的成熟期延迟，生育期延长。

在自然条件下，同源三倍体大多是由减数分裂不正常产生的染色体数量未减半的配子与正常的配子结合形成的。例如，香蕉就是天然的三倍体植物。同源三倍体植物也可以通过同源四倍体与正常二倍体杂交获得。例如，无籽西瓜就是通过人工的方法培养出来的（图 3.9）。三倍体植物由于染色体的配对发生紊乱，不能正常地进行减数分裂，绝大多数配子都是染色体数目不平衡的配子，不能正常地受精结实，因此三倍体是高度不育的。三倍体的西瓜、香蕉（图 3.10）与二倍体的品种相比，不仅果实大、品质好，而且无籽便于食用。

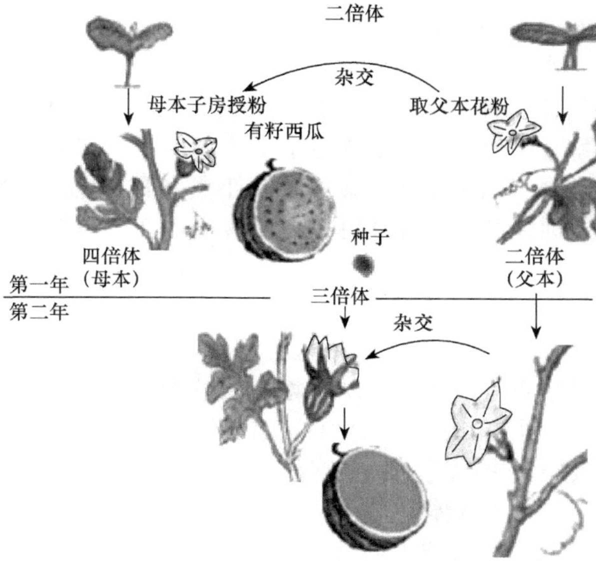

图 3.9 无籽西瓜的培育

图 3.10 三倍体香蕉

（2）异源多倍体

异源多倍体一般是由不同种、属间的杂交种经过染色体加倍形成的。例如，普通小麦（*Triticum aestivum*）、棉花（*Gossypium* spp.）、烟草（*Nicotiana tabacum*）、油菜（*Brassica campestris*）和甘蔗（*Saccharum officinarum*）等都是异源多倍体，它们是长期进化的产物。

异源多倍体也可以通过人工的方法进行培育。例如，萝卜和甘蓝是十字花科中不同属的植物，它们的染色体数量都是 18 条（$2n$=18），但是二者的染色体之间没有对应关系，所以萝卜和甘蓝杂交的杂种 F_1 在产生配子时，来自萝卜的染色体和来自甘蓝的染色体之间不能配对，不能产生可育的配子，因此杂种 F_1 是高度不育的。但是如果用秋水仙素诱导 F_1 的染色体加倍，就可以得到异源四倍体。由此产生的异源四倍体既像萝卜，又像甘蓝，因此叫作萝卜甘蓝。

可惜的是，萝卜甘蓝的根像甘蓝，叶像萝卜，所以没有经济价值。但是，通过利用种间或属间杂交在短期内（只需两代）创造新种的方法，人们已经培育出越来越多的异源多倍体新种。例如，我国已故遗传育种学家鲍文奎经过 30 多年的研究，在 20 世纪六七十年代用普通小麦（六倍体）与黑麦（二倍体）杂交，成功地培育出异源八倍体小黑麦新品种。小黑麦具有穗大、粒重、抗病性强、耐瘠性强、抗逆性强和营养品质好等优点，已经在中国西北、西南高寒地区成功种植。

（二）非整倍体变化

非整倍体变化是指正常二倍体（$2n$）增加或减少一个或若干个染色体。在减数分裂时，由于一对同源染色体不分离或提前分离而形成 n−1 或 n+1 的配子，这类配子彼此结合或同正常配子（n）结合，就会产生 $2n$+1（三体）、$2n$−1（单体）、$2n$+2（四体）、$2n$−2（缺体）、$2n$+1+1（双三体）等各种非整倍体细胞。非整倍体在遗传学研究和育种实践中均有重要意义。单体和缺体对生物体的影响较大，在二倍体植物中几乎不存在单体和缺体，而在异源多倍体植物中则较为常见。因为多倍体植物的一个染色体组内缺少了个别染色体引起的基因不平衡，可以由于其他染色体组的完整而起到补偿作用。在表型上，比如单体小麦与正常小麦差异不大，但缺体小麦与正常小麦之间则有明显的差异，缺体一般生长势较弱，约半数不育。在遗传分析中，可利用单体和缺体测定某个隐性基因位于哪条染色体上。染色体数目特别是非整倍数的改变与人类的一些疾病密切相关（详见第六章）。

思 考 题

1. 遗传变异有哪些主要类型？
2. 基因突变有哪些主要特点？
3. 为什么说基因突变的有害性是相对的？
4. 请列举你所知道的自然界中动物和植物的突变现象。
5. 染色体畸变有哪些类型？
6. 俗话说“种瓜得瓜，种豆得豆”，无籽西瓜既然没有种子，那是如何种植出来的呢？

主要参考文献

程罗根. 2015. 人类遗传学导论. 北京：科学出版社

程罗根. 2018. 遗传学. 2 版. 北京：科学出版社

戴灼华，王亚馥．2008．遗传学．2版．北京：高等教育出版社
贺竹梅．2011．现代遗传学教程．2版．北京：高等教育出版社
刘祖洞，乔守怡，吴燕华，等．2013．遗传学．3版．北京：高等教育出版社
石春海．2007．现代遗传学概论．杭州：浙江大学出版社
朱军．2002．遗传学．北京：中国农业出版社

第四章 遗传工程

遗传工程（genetic engineering）也称遗传操作，是指把一种生物的遗传物质转移到另一种生物的细胞中，并使这种遗传物质所携带的遗传信息在受体细胞中表达。广义的遗传工程包括细胞水平、染色体水平、分子水平等几个方面的遗传操作，即细胞工程、细胞器工程、染色体工程、基因工程等。狭义的遗传工程就是指基因工程，即将供体生物的基因与载体在体外进行拼接重组，然后转入受体生物的细胞内，使之按照人们的意愿遗传并表达出新的性状，所以基因工程又称为基因操作（gene manipulation）或DNA重组技术（DNA recombination technique）。本章仅讨论狭义的遗传工程，即基因工程。

第一节 基因工程的主要步骤

基因工程是20世纪70年代以后兴起的新技术，其主要原理是把一个生物体中有用的目的DNA（或基因）通过体外重组后导入另一个生物体中，使这个基因能在受体细胞内复制、转录和翻译表达。因此，基因工程包括目的基因的获取、重组DNA的构建、导入受体细胞及表达和筛选4个主要步骤（图4.1）。

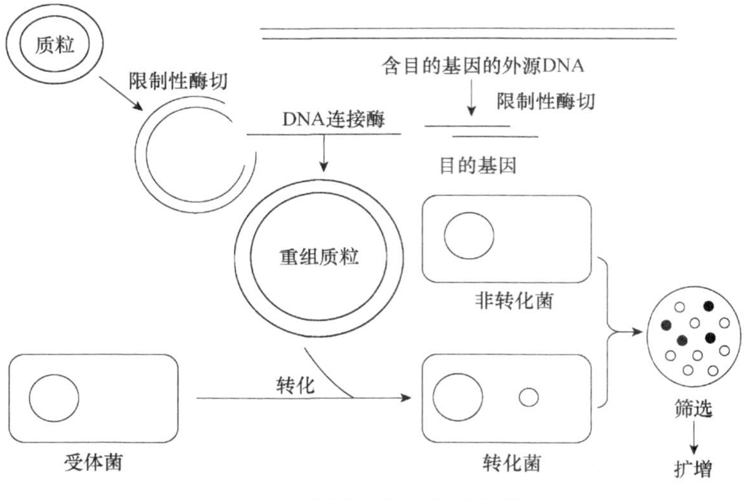

图4.1 基因工程的主要流程

一、目的基因的获取

对基因组中某一基因成分或该基因片段进行研究或应用，首先需要获得该基因，此基因（或片段）称为目的基因（target gene）。获得目的基因之后，或确定其表达调控机制和生物学功能；或建立高效表达系统，构建具有经济价值的基因工程菌（细胞）；或将目的基因在体外进行必要的结构功能修饰，然后输回细胞内改良生物体的遗传性状，包括人体基因治疗。获取目的基因的途径有两大类：一类是构建感兴趣的生物个体的基因组文库（genomic library），然后建立合适的筛选模型，从基因组文库中挑出含有目的基因的重组克隆；另一类是利用聚合酶链反应（polymerase chain reaction，PCR）甚至化学合成法体外直接合成目的基因。

（一）目的基因的合成

PCR 根据待扩增基因的部分序列设计成对引物，在体外合成两个引物之间的 DNA 序列。扩增效率非常高，在数小时内可以使扩增 DNA 的拷贝数达到数百万个；较小的蛋白质和多肽的编码基因可以用人工化学合成法获得，但是首先必须知道目的基因的核苷酸排列顺序，或知道目的蛋白质的氨基酸序列，再按相应的密码子推导出 DNA 的序列。但是，如果用氨基酸序列推测核苷酸序列，往往会因为遗传密码的简并性而导致密码子的选择困难，得到的结果可能与天然基因不完全一致，易造成中性突变。

化学合成 DNA 的实质是按照序列要求将脱氧核苷酸单体一个个接上去，每接一个单体就是一个循环反应，包括基团保护、分离、缩合、分离、去保护五大操作单元。

（二）目的基因的分离

由于目的基因仅占染色体 DNA 分子总量极其微小的比例，必须经过扩增才有可能分离到特定的含有目的基因的 DNA 片段，故必须先构建基因文库（gene library），或称为 DNA 文库。

构建基因文库可用鸟枪法（shotgun sequencing method），又称散弹射击法，将 DNA 用酶切或超声波处理打断，与适当载体连接，转化受体细胞，筛选含有目的基因的目的重组子。当用上述方法制备的克隆数多到足以把某种生物的全部基因都包含在内时，这一组克隆 DNA 片段的集合体，就称为该生物的基因文库。在理想的情况下，一个完整的基因文库应该含有染色体基因组 DNA 的全部序列。在基因工程发展早期，构建基因文库曾是分离目的基因普遍应用的方法，特别适用于原核基因的分离，对于真核基因则可获取真正的天然基因（兼有外显子和内含子）。此外，若研究控制基因表达活动的调节基因，或是在 mRNA 中不存在的某种特定序列，也能通过构建基因文库从染色体基因组 DNA

中获得。

二、目的基因与克隆载体的体外重组

DNA 体外重组是将目的基因（外源 DNA 片段）用 DNA 连接酶在体外连接到合适的载体（vector）DNA 上，这种重新组合的 DNA 称为重组 DNA（recombinant DNA，rDNA）。基因工程中常用的载体包括质粒（plasmid）、噬菌体（phage）和病毒（virus）三大类。这些载体均需经人工构建，除去致病基因，并赋予一些新的功能，如加入有利于进行筛选的标记基因、单一的限制性酶切位点等。

DNA 的体外重组主要依赖于限制性内切核酸酶（restriction endonuclease，简称限制酶）和 DNA 连接酶的作用。限制酶分别在载体 DNA 和目的基因的特定位点进行切割，目的基因片段通过连接酶连接到带切口的载体形成重新组合后的 DNA 分子（图 4.2）。因此，限制酶和连接酶分别被形象地称为“分子剪刀”和“分子针线”。在选择外源 DNA 同载体分子连接反应的程序时，一般需要考虑 3 个因素：①实验步骤要尽可能简单易行；②连接形成的接点序列，应能被某种限制酶重新切割，以便回收插入的外源 DNA 片段；③不会干扰转录和翻译过程中密码子的阅读。在连接反应中，DNA 的总浓度、载体 DNA 和外源 DNA 的比例以及连接反应的温度等因素都会对连接效率、重组 DNA 分子的类型等产生影响。

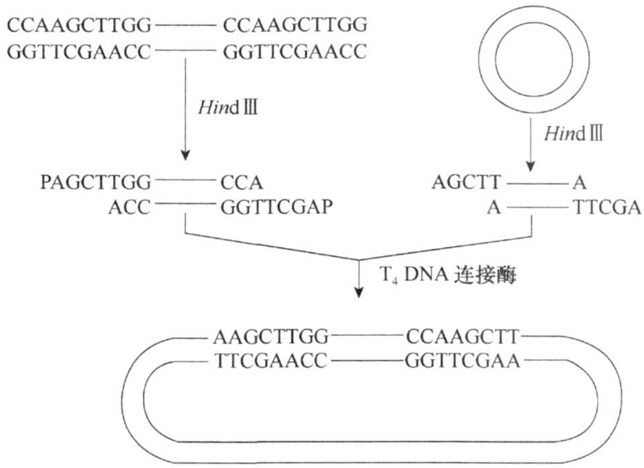

图 4.2　目的基因与克隆载体的体外重组

三、重组克隆载体引入受体细胞

带有外源目的 DNA 的重组体分子在体外构建成功之后，必须导入适当的受体细胞（receptor cell）中进行繁殖，才能获得大量的纯的重组 DNA 分子，这一过程即基因的扩增。只有基因在适当的受体（宿主）细胞中进行增殖并获得预期的表达，才算实现了某一目的基因的克隆。受体细胞是指接受外源基因的宿主细胞（host cell）。受体细胞可以是动物、植物或微生物细胞。作为基因工程的受体细胞必须具备以下特性：①具有接受外源 DNA 的能力，处于这种生理状态的细胞称作感受态细胞，一般是在生长对数期的后期，时间很短暂；②一般应为限制酶缺陷型，确保外源 DNA 进入宿主细胞后不被限制酶降解或被修饰酶修饰；③一般应为 DNA 重组缺陷型，保持外源 DNA 在宿主细胞中的完整性；④不适于在人体内或在非培养条件下生存，保证一定的安全性；⑤其 DNA 不易转移。

要实现外源目的基因的克隆，除了必须选择理想的载体、合适的受体以及成功地构建重组体外，还必须有将重组体引入受体细胞的有效途径。将外源重组 DNA 分子导入受体细胞的途径随载体种类和受体系统的不同而异，主要包括转化、转染、转导、显微注射、电穿孔等多种不同的方式。转化（transformation）是把带有目的基因的重组质粒 DNA 引入受体细胞的过程；转染（transfection）是指将重组噬菌体 DNA 直接引入受体细胞；如果重组噬菌体 DNA 被包装到噬菌体头部成为有感染力的噬菌体颗粒，再以此噬菌体为运载体，将头部重组 DNA 导入受体细胞中，这一过程称为转导（transduction），通常称为感染；显微注射（图 4.3）是在显微镜下用注射器将重组 DNA 片段注入受体细胞（如动物受精卵）；电穿孔是将待转化的质粒或 DNA 重组连接液加在电穿孔转化仪的样品池中，两极施加高压电场，在强大电场的作用下，细胞膜可以产生短暂的直径 30nm 左右的微孔，质粒或 DNA 重组分子便可进入细胞内。转化和转导主要适用于细菌这类原核细胞和酵母这样的低等真核细胞，而显微注射和电穿孔则主要应用于高等动植物的真核细胞。

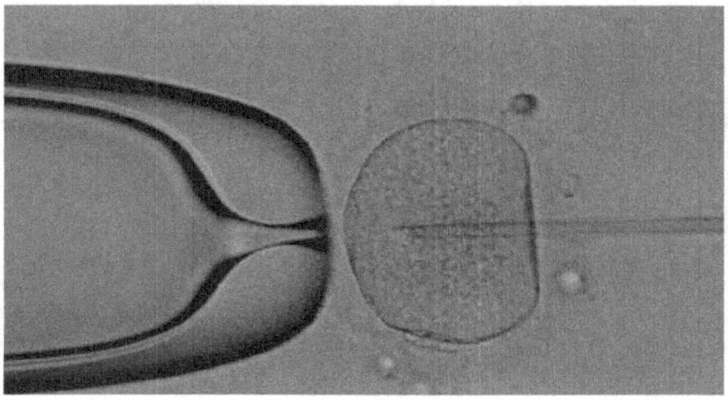

图 4.3 显微注射

四、目的基因重组体的筛选、鉴定与分析

目的基因被酶切后的产物，可能是片段大小不一的混合物，因此与载体 DNA 连接时，连接的产物除了带有目的基因的重组载体 DNA 外，还混杂有其他类型的

重组载体 DNA。此外，在转化（或转导）后的群体中，也含有空的载体或其他类型的重组载体 DNA 形成的菌落。因此，在成千上万个转化子中，真正含有期望的重组 DNA 分子的比例很少。为了将含有外源 DNA 的宿主细胞与不含外源 DNA 的宿主细胞分开，以及将含有正确重组子的宿主细胞与含有其他外源 DNA 的宿主细胞分开，需要设计易于筛选重组子克隆的方案并加以验证。目前已经发展和应用了一系列可靠性较高的重组体克隆检测法，包括抗药性基因插入失活法、显色筛选法、凝胶电泳筛选法、核酸探针杂交筛选法和免疫化学筛选法等。只有从转化（或转导）后的群体中筛选出带有目的基因的重组体，才能进行后续的克隆和表达。

为了淘汰掉非重组体，选出并确证真正需要的重组体，有必要在筛选的基础上对选出的重组体做进一步的鉴定。鉴定重组体的方法有多种，因设计要求而不同，通常采用的方法包括以下几种。①酶切及凝胶电泳鉴定法，用与构建重组 DNA 时相同的限制酶进行酶切，通过凝胶电泳进行酶切片段的分析，用同一限制酶酶切的载体 DNA 和目的基因 DNA 片段或已知相对分子质量的 DNA 片段作对照。重组质粒经凝胶电泳后应有两条带：一条是泳动速度较慢、相对分子质量较大的带（相当于质粒载体 DNA），另一条是泳动速度较快、相对分子质量较小的带（相当于目的基因 DNA 片段）。②DNA 印迹法（Southern blotting）（图 4.4），是埃德温 · 萨瑟恩（Edwin Southern）于 1975 年创立的方法。将重组菌中的质粒 DNA 用合适的限制酶酶切，通过琼脂糖凝胶电泳将不同相对分子质量的 DNA 定位在凝胶的不同位置，再将凝胶中的 DNA 转移到硝酸纤维素膜（NC 膜）上，用制备的标记探针与 NC 膜上的 DNA 杂交，经过放射自显影在 X 线片上出现黑色区带，将此带与凝胶电泳照片中 DNA 区带位置进行比较，确定基因片段的相对分子质量大小。③基因产物鉴定法，常用体外翻译法对基因产物进行鉴定，从细胞中提取的天然 mRNA 或通过克隆化的 DNA 在体外转录产生的 mRNA，在无细胞提取液中能被翻译而合成蛋白质，这些体外翻译产物可通过免疫沉淀或 SDS 聚丙烯酰胺凝胶电泳加以分析鉴定。

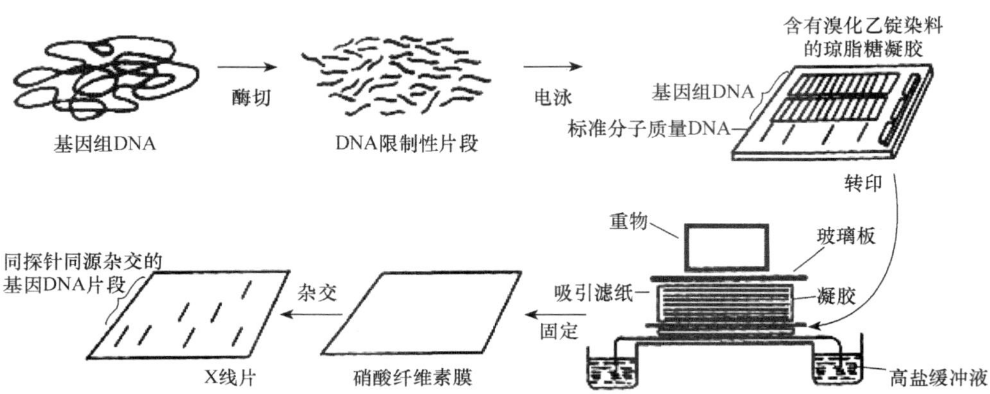

图 4.4　DNA 印迹法

第二节 基因工程的主要应用

基因工程是采用工程设计路线与策略，按照科研或生产实际的需要，利用遗传学的原理和分子生物学的技术手段对生物进行遗传改造，使之产生出符合人们需要的产品或创造出生物的新性状，因此基因工程具有广泛的应用价值，在农业、工业、医学、日常生活、环境保护等领域发挥着越来越重要的作用。

一、基因工程与农业

基因工程在农业领域的应用，不断解决农业生产中面临的新问题，在农业增收和品质改良方面发挥着重要作用。基因工程技术克服传统育种中物种间遗传屏障的限制，不断获得具有新的优良特性的转基因植物，成为各国解决粮食、能源等问题的重要工具，同时蕴藏着巨大的商业价值和发展前景。1983 年，世界第一例转基因植物——抗病毒转基因烟草在美国华盛顿大学培育成功，标志着人类利用转基因技术改良农作物的开始。1986 年，转基因农作物在美国获准进入田间试验。1994 年，美国 Calgene 公司培育的延熟保鲜转基因番茄被美国农业部和美国食品药品监督管理局批准商品化生产，这是世界上第一例被批准上市的转基因作物。1996 年，转基因抗虫棉和耐除草剂大豆在美国大规模种植，种植面积为 170 万 hm^2。1997 年，转基因作物开始在南美洲和亚洲的一些国家大规模推广种植，同年中国批准转 *Bt* 基因抗虫棉商业化种植。2005 年，种植转基因作物的国家从最初的 6 个增加到 21 个。2009 年，中华人民共和国农业部（现农业农村部）批准了 2 个转基因抗虫水稻品种和 1 个转植酸酶基因玉米品种的安全证书。2014 年，28 个国家的 1800 万农民种植了 1.815 亿 hm^2 的转基因作物（图 4.5），转基因作物种植面积前 6 位的国家为：美国（7310 万 hm^2）、巴西（4220 万 hm^2）、阿根廷（2430 万 hm^2）、印度与加拿大（各 1160 万 hm^2）和中国（390 万 hm^2），种植转基因作物的 28 个国家中，20 个是发展中国家，8 个是发达国家，涉及人口占全球人口的 60%以上。全球转基因作物种植面积和市值逐年攀升（图 4.6）。

到目前为止，基因工程技术广泛应用于植物遗传改良，已经在粮食作物、经济作物、蔬菜、瓜果、牧草、花卉和林木等 200 多种植物中实现了基因转移，培育出了一系列具有抗病虫害、储藏时间长、耐除草剂、耐盐碱等其他环境胁迫、丰产、优质、观赏性强等优良性状的植物新品种（图 4.7）。

（一）抗病虫害

农作物病虫害是农业生产上的重要灾害，给农业生产造成了巨大损失。联合国粮食及农业组织（Food and Agriculture Organization，FAO）的研究结果显示，

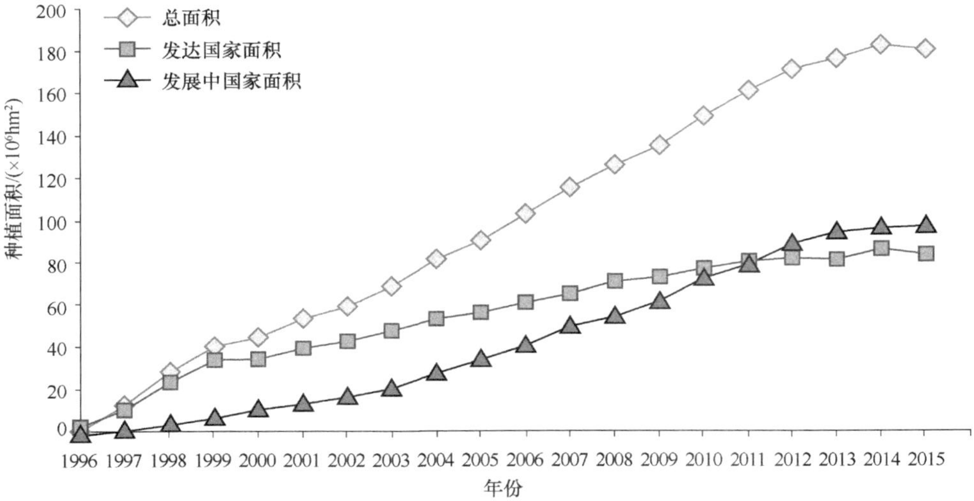

图 4.5　全球转基因作物种植面积的增长情况（James，2016）

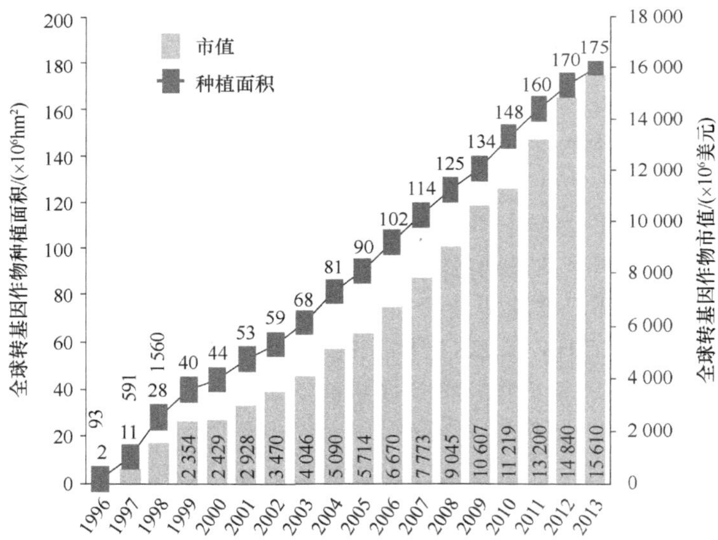

图 4.6　全球转基因作物种植面积和市值（指种子和许可税收，而非作物本身）(James，2014)

转基因作物种植面积在 2013 年扩张 3%，转基因种子销售占全球种子市场的 35%

农作物病虫害自然损失率在 37%以上，目前仍然以农药防治为主。农药的长期、大量使用，不但威胁人类的健康，而且会毒杀害虫的天敌及传粉昆虫等益虫，从而打破自然界生物间相互制约、互相依赖的生态平衡，导致新的害虫猖獗。利用基因工程技术可提高农作物的抗病虫害能力，目前取得了可喜的进展。

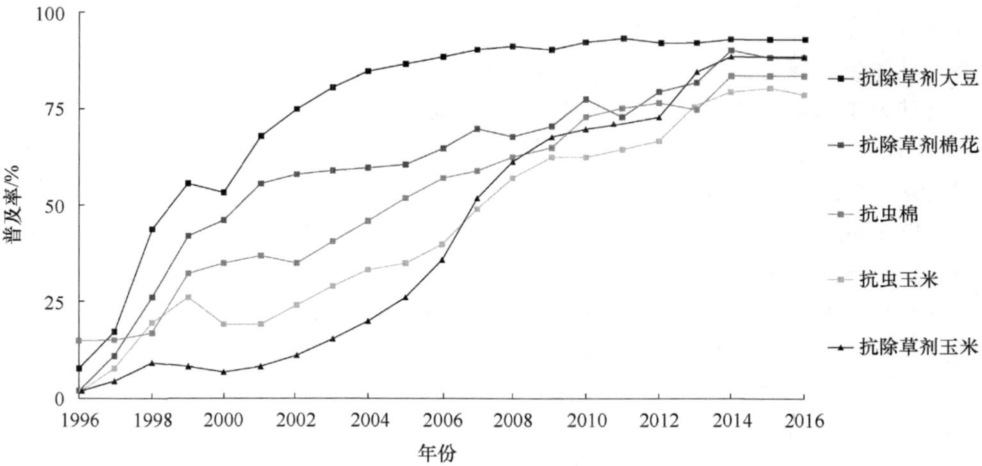

图 4.7 美国主要转基因作物各性状商业化进程

1986 年，美国的阿贝尔（Abel）首次将烟草花叶病毒（TMV）外壳蛋白（coat protein，CP）的基因导入烟草并获得抗 TMV 的转基因烟草植株，开创了植物抗病毒育种的新纪元，至今世界各地科学家已在 15 个病毒组的 30 多种病毒中，证实了由病毒外壳蛋白介导的抗病性。大田试验结果显示，在接种 TMV 后，转基因植物只有 5%的植株得病，而对照组植株的得病率为 99%。20 世纪 90 年代，美国研制出了抗木瓜环斑病毒（papaya ringspot virus）的转基因木瓜，并于 1998 年首先在夏威夷得以商业化种植。我国抗木瓜环斑病毒的转基因木瓜由华南农业大学研发成功，并于 2006 年首先在广东省获准商业化种植。种植抗病毒的转基因木瓜（图 4.8）有效地控制了木瓜病毒病，从而大幅度地降低了化学农药的使用。90 年代我国马铃薯抗病毒基因工程研究已取得长足进展，合成、克隆出用于转化马铃薯的各种基因 20 余种。

图 4.8 抗木瓜环斑病毒的木瓜

苏云金芽孢杆菌（*Bacillus thuringiensis*，Bt）是最早使用的生物杀虫剂之一，在它的芽孢中会分泌一种称为“内毒素”的蛋白质晶体。昆虫吃了苏云金芽孢杆菌的芽孢后，内毒素晶体在昆虫的肠道中溶解，被昆虫肠道中的蛋白酶加工、激活，变成有毒性的蛋白毒素，其与肠道细胞表面的受体结合，导致昆虫肠道穿孔，昆虫因此不再进食，1～3 天就饿死了。早在 1938 年，这种生物毒素就被作为生物农药用于防治地中海粉螟（*Ephestia kuehniella*），但是它的价格比化学农药贵很多。1981年，科学家首次成功克隆了编码 Bt 杀虫晶体蛋白的基因，美国 Agrocetus 公司首次将 *Bt* 基因导入棉花，害虫吃了转基因棉花的叶子后，也吃进了内毒素，就会被毒死。转 *Bt* 基因抗虫棉（图 4.9）对某些鳞翅目害虫有较强的抗性，而且对产量、纤维品质等农艺性状无不利影响，甚至有的还优于其亲本品种。鉴于Bt杀虫晶体蛋白具有高度专一性、生物降解性，且对人畜无害，被作为转基因植物抗虫基因工程中理想的杀虫目的基因。目前栽培得最多的是抗虫害转*Bt*基因玉米（图4.10）和转*Bt*基因棉花。1997年，中国批准转*Bt*基因抗虫棉商业化种植，到2012年，转*Bt*基因抗虫棉的种植面积就占到棉花种植总面积的80%。转*Bt*基因抗虫棉可平均增产10%，并能降低60%的农药使用量。豇豆胰蛋白酶抑制剂（cowpea trypsin inhibitor，cpti）来自豇豆（图4.11）的可食用部分，具有抗虫谱广且昆虫不易对其产生耐受性等特点，*cpti*基因是抗虫植物基因工程一个重要的候选基因。希尔德（Hilder）等将*cpti*基因成功转入烟草（图4.12），从中选出了高抗虫性的转基因植株，对测试的烟草夜蛾、棉铃虫、黏虫、烟草天蛾有明显的抗性。目前，*cpti*基因已经被转到烟草、水稻、棉花和番茄等多种作物中。

图4.9　转*Bt*基因抗虫棉（左）与普通棉花（右）

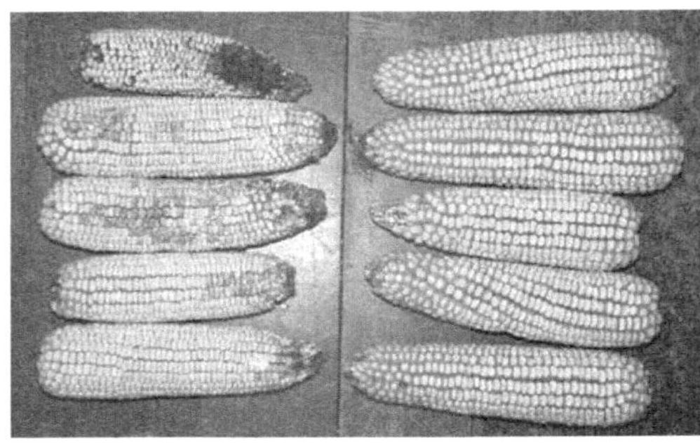

图4.10　受玉米螟侵害和真菌感染的普通玉米（左）与转*Bt*基因玉米（右）

图4.11　豇豆

图4.12　转*cpti*基因烟草

（二）抗非生物胁迫

非生物胁迫因子如冷（冻）害、干旱、盐碱等是制约植物生长，影响农作物产量与品质的重要因素，同时也限制了作物的栽培格局。所以，有关农作物抗寒、抗旱及耐盐的研究是植物学领域的研究热点之一。但是植物的耐胁迫性大多属于数量性状，现有可利用的种质资源匮乏，采用常规育种技术改良植物耐胁迫性的难度相当大，培育出真正的耐胁迫品种尤为困难。基因工程技术的发展，给耐胁迫农作物的培养工作提供了新的途径。美国斯坦福大学把仙人掌抗逆基因导入小麦、大豆等作物，育成抗旱、抗瘠的新品种。科达玛（Kodama）等将 ω-3 脂肪酸去饱和酶（fatty acid desaturase）基因（*FAD7*）转入烟草中，转化植株的耐寒能力得到提高。我国在耐盐基因工程上已取得了一些进展，李银心等将耐盐性很强的藜科植物山菠菜的甜菜碱醛脱氢酶（betaine aldehyde dehydrogenase，BADH）的基因转入豆瓣菜，获得了耐盐的转基因植株；刘凤华等将来源于山菠菜的 *BADH* cDNA 转入水稻、草莓和烟草中，其耐盐性较对照均大大增强；中国科学院遗传与发育生物学研究所将 *BADH* 基因导入水稻，获得的转基因水稻有较高的耐盐性，并能在盐田中结籽。赵恢武等将海藻糖-6-磷酸合酶（trehalose-6-phosphate synthesis）的基因 *TPS* 整合到烟草基因组中，发现 *TPS* 基因的表达受干旱胁迫的诱导，转基因烟草的耐旱性得到增强。

（三）提高作物产量与品质

利用基因工程技术不仅可以通过调控光合作用、淀粉合成、氮素同化和水分利用等代谢途径提高作物产量，也可以改良口味、口感及提高营养成分含量、欣赏价值等品质性状。

1997 年，华中农业大学园艺系利用其创建的转基因耐储番茄新品系 HZ-863T 与普通品种‘A53’杂交培育而成的‘华番 1 号’转基因番茄，在 13～30℃下可贮藏 45 天左右（图 4.13），大大延长了保鲜期。科贝斯（Kebeis）等将大肠杆菌中的乙醇酸分解途径引入拟南芥（*Arabidopsis thaliana*），减少了乙醇酸通过过氧化物酶体和线粒体进行光呼吸的量，提高了植物的光合效率，进而提高了植物产量。库（Ku）等将两个 C_4 循环酶基因分别连同上游的特异性启动子同时导入水稻，获得的转基因植株的光合性能和产量分别比对照提高了 35% 和 22%。瑞吉尔（Regierer）等报道，通过转基因提高马铃薯块茎中腺苷酸水平使淀粉含量增加了 60%，块茎产量增加了 39%。韩国用转基因技术培育出微型

图 4.13 耐储的转基因番茄

马铃薯，个体似葡萄，结果特性也像葡萄，产量是普通马铃薯的 3 倍，淀粉含量高达 40%。摩卫格（Molvig）等将富含甲硫氨酸（Met）的向日葵种子的清蛋白基因导入狭叶羽扇豆以改良其营养价值，与未转化植株相比，转基因植株中 Met 含量提高了 94%。

二、基因工程与工业

（一）制药工业

制药工业的发展关乎人类的健康和生活质量。早期的生物制药是利用生物材料加工制成含有某些天然活性物质与其他共存成分相混合的制剂，如利用牛、羊新鲜眼球制成的明眼注射液，利用胎盘生产的胎盘注射液等。随着新技术的不断发展，制药工艺在不断提高，人们根据生物化学和免疫学原理，从生物体中提取具有针对性治疗作用的生化成分，如从猪胰腺中提取的猪胰岛素、从男性尿中提取的尿激酶、从孕妇尿中提取的绒毛膜促性腺激素等。但是这些制药方法面临诸多问题，主要包括：①因材料来源困难或制造技术问题而无法付诸应用；②从动物脏器中提取，造价太高，或因来源困难而供不应求；③由于免疫抗原等，药品在使用上受到限制。

基因工程制药是按照一定的医学目标，将特定的外源基因导入宿主细胞，由宿主产生特定蛋白质药物的一种制药方式。与传统制药相比，基因工程制药具有明显的优势：①能从极端复杂的机体细胞内取出所需要的基因，将其在体外进行剪切拼接、重新组合，然后转入适当的细胞进行表达，从而生产出比原来产量高数百倍、数千倍的相应蛋白质；②可大量生产过去难以获得的生理活性多肽和蛋白质，为临床使用提供有效的保障；③可以发现、挖掘更多的内源性生理活性物质；④内源性生理活性物质在作为药物使用时存在的不足之处，可以通过基因工程和蛋白质工程进行改造；⑤利用基因工程技术可获得新型化合物，扩大药物筛选来源。

基因工程制药是生物技术应用得最成功的领域，基因工程新药不断地进入商品市场，创造了巨大的经济效益和社会效益。例如，胰岛素的传统制备方法是从牛、猪等动物胰腺中提取，但是产量很低，100kg 胰腺只能制取 4～5g 胰岛素，因此价格昂贵。利用基因工程技术将合成胰岛素的基因导入大肠杆菌细胞，通过工业发酵生产胰岛素，2000ml 发酵液就能生产 100g 胰岛素，使胰岛素价格降低了 30%～50%。20 世纪 90 年代以后，全球生物技术药品销售额以年均 30%的幅度增长，大大高于全医药行业年均不到 10%的增长幅度。

迄今，已研制成功 200 多种基因工程药物和疫苗，还有几百种基因工程药物和疫苗正处于临床验证的不同阶段，处于研究和开发中的品种约有 2000 个。计算机辅助设计疫苗等新技术的应用使得新疫苗的开发速度加快，抗艾滋病的疫苗正在进行临床试验，抗肝炎的可食马铃薯疫苗已进入了临床研究阶段，抗多种不同致病菌株感染多价疫苗研究获得了重大突破。

（二）生物能源和燃料

生物燃料是指通过生物资源生产的燃料乙醇和生物柴油，可以替代由石油制取的汽油和柴油，是可再生能源开发利用的重要方向。受石油资源、价格、环保和全球气候变化的影响，20 世纪 70 年代以来，许多国家日益重视生物燃料的发展，并取得了显著的成效。作为目前应用最广泛的两种生物燃料，生物柴油和乙醇燃料尽管比化石燃料更加优越，但不可能完全替代化石燃料。因为作为粮食作物，玉米和大豆首先要满足粮食、饲料和其他经济需求，另外，农业是一个高度耗水的行业，所以如果大量使用生物能源可能会得不偿失。

此外，基因工程在酿酒、食品、酶制剂和造纸等方面的应用也越来越广泛，在产品质量和品质的提高、环境保护等方面发挥着越来越大的作用。

三、基因工程与医学

（一）基因诊断

基因诊断（gene diagnosis）开始于 20 世纪 90 年代。它是运用特定基因的探针从基因中寻找病根，为一些“不治之症”寻找新的诊断渠道。基因诊断的特点是特异性非常强，只要检测出该病变基因的存在，就能确诊。基因诊断不仅可以检测肿瘤和遗传病，还可用于罪犯甄别、感染性疾病的检测和产前诊断等。

（二）基因治疗

基因治疗（gene therapy）是指将人的正常基因或有治疗作用的基因通过一定的方式导入人体靶细胞以纠正基因的缺陷或者发挥治疗作用，从根本上修复、矫正基因功能性障碍，从而达到治疗疾病目的的生物医学技术。基因治疗目前主要是针对那些对人类健康威胁严重的疾病，包括遗传病（如血友病、囊性纤维病、家族性高胆固醇血症等）、恶性肿瘤、心血管疾病和感染性疾病（如艾滋病、类风湿等）等。

基因治疗有两种形式：一种是改变体细胞的基因表达，即体细胞基因治疗（somatic gene therapy）；另一种是改变生殖细胞的基因表达，即种系基因治疗（germline gene therapy）。从理论上讲，若对有缺陷的生殖细胞进行矫正，不但当代可以得到根治，而且可以将正常的基因传给子代。但生殖的生物学极其复杂，且尚未清楚，一旦发生差错将给人类带来不可想象的后果，涉及一系列伦理问题，目前还不能用于人类。

四、基因工程与日常生活

（一）服装

1. 彩色棉花培育

棉花的花朵最初是乳白色，然后变成深红色，凋谢后留下绿色蒴果，称为棉铃。从棉铃内的棉籽表皮长出茸毛，茸毛会塞满棉铃。当棉铃成熟裂开时，露出白色或白中带黄的柔软的纤维（图 4.14）。棉纤维可以制作多种织物，包括各类服装、家具布和工业布等。但是，正常成熟、正常吐絮的棉纤维绝大部分都是白色的，用其纺织成的棉布是白色的，需要进行染色才能获得不同花色的布料。

图 4.14　棉铃和棉纤维

通过用远缘杂交、转基因等生物技术能够培育彩色棉花。天然彩色棉花制成的棉织品可以减少印染工序和加工成本，避免染料生产和使用对环境造成的污染，而且彩棉仍然保持棉纤维原有的松软、舒适、透气等优点。目前大面积种植的彩棉品种只有绿色和棕色两种基本色型。我国新疆从 2002 年开始，采用转基因技术获得了当代表现红、蓝、黑的 3 个彩色棉花新品系，但存在色素表达不均匀和不能遗传等问题。所以彩色棉花的培育还需要不断完善。

2. 棉纤维质量改良

棉纤维是棉花种子的表皮毛，由胚珠表皮细胞分化形成，其发育过程分为起始分化、细胞伸长（或称为初生壁合成）、次生壁合成及脱水成熟 4 个阶段。棉花的产量和质量主要取决于分化起始期（决定每个胚珠上的纤维数量）与初生壁和次生壁形成期（决定纤维长度与强度）。因此，用基因工程改良棉纤维质量目前也主要集中在这几个时期。

提高棉花的纤维长度一直是棉花育种专家努力的目标。焦改丽等将伸长蛋白基因转入绿彩棉中，使棉花的纤维长度和强度都有一定的增加。Lee 等将木聚葡糖内的糖基转移酶/水解酶基因转入棉花，结果表明，转基因株系的纤维长度比非转基因株系高 16%左右。

1998 年，陈晓亚院士课题组将从兔子细胞中分离到的角蛋白基因转入棉花成功培育出“兔毛棉花”，使棉花纤维首次具有了兔毛的品质。该棉花色泽似兔毛般光亮，手感也更加柔软（图 4.15）。

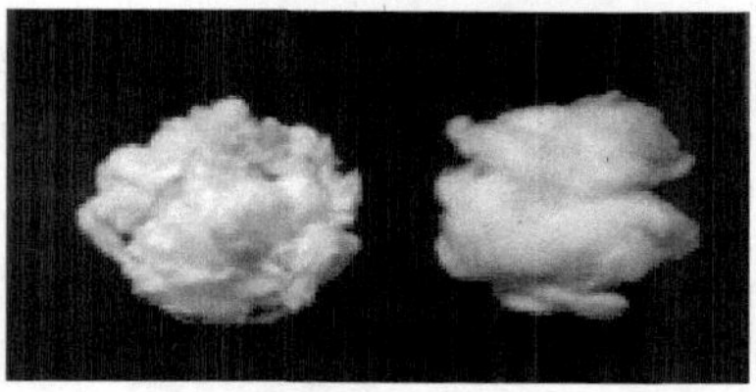

图 4.15 普通棉花（左）与转基因“兔毛棉花”（右）

3. 羊毛质量提高

提高牧草中蛋白质的含量，尤其是提高含硫氨基酸（SAA）如甲硫氨酸、半胱氨酸的含量，可显著改善羊的生产性能及羊毛产量，添加甲硫氨酸、半胱氨酸可以使羊毛生长速度提高 16%～130%。将含硫蛋白质的基因导入牧草，羊采食这种转基因的牧草，能够提高羊毛的生长速度和羊毛质量，从而间接地提高了服装的质量。Tabe 等将向日葵种子的清蛋白基因转入苜蓿，获得的转基因苜蓿可为绵羊每天额外提供 40mg SAA。Khan 等将向日葵种子的清蛋白基因转入白三叶草，使白三叶草的老叶中 SAA 积累达 1.3%。Molvig 等将向日葵种子中富含 SAA 的清蛋白基因转入羽扇豆，转基因植株甲硫氨酸含量增加了 1 倍。张改娜等用从豌豆中克隆出的富含含硫氨基酸蛋白质的基因豌豆清蛋白 1（*PA1*）基因转化紫花苜蓿，使苜蓿中甲硫氨酸和半胱氨酸的含量从 0.1%提高到 0.4%。

（二）花卉

花卉是美的象征，可以美化环境、丰富人民的生活。世界花卉贸易平均以每年 10%以上的速度递增，已成为最有活力的产业之一。人们对花卉的要求也从数量增长型朝着新颖独特、质量效益型方向转变。传统育种技术对花卉业的发展做出了极大贡献，但是费时费力。基因工程可以大大缩短育种周期，减少育种的盲目性，为花卉形状和品质改良提供全新的思路和手段，已经在观赏植物的花色、花香、花期、花形、花卉贮存期等方面大量应用并取得了较大的进展。

1. 花色

花色是观赏植物重要的品质特性，花色的优劣直接关系到观赏植物的观赏价值和商业价值。基因工程技术可以通过定向修饰花卉的某个目标性状或引入外来基因扩大其基因库来获得花色更丰富的观赏植物。

花色主要由类黄酮、类胡萝卜素和甜菜色素决定。基因工程技术可以从以下几方面改变花的颜色。

（1）导入外源基因

如果某种花色是单基因控制的，就可以将该基因转入缺乏该基因的物种或品种来改变花的颜色。例如，将玉米的二氢黄酮醇还原酶（dihydroflavonol-4-reductase，DFR）的基因导入矮牵牛（图 4.16），使二氢黄酮醇还原，为天竺葵色素的生物合成提供中间产物，使花色变为砖红色，创造了矮牵牛的新花色系列。

将从其他花卉中克隆到的合成蓝色翠雀素必需的类黄酮-3′, 5′-羟基化酶（F3′5′H）的基因转到玫瑰和香石竹中，获得了蓝色的玫瑰（图 4.17）和香石竹。

扫扫看彩图

图 4.16　矮牵牛

图 4.17　蓝色的玫瑰

图 4.18　白色康乃馨

（2）抑制目标基因的表达

利用反义 RNA 抑制目的基因，达到修饰目的基因表达的目的。例如，将类黄酮-3′-脱氢酶基因的反义基因转入康乃馨植株，花色就由原来的橙色或红色变成白色（图 4.18）。

（3）引入调节基因

如果植物体内含有色素基因，但因缺乏调节基因而不能表达，便可以通过导入调节基因而使其表达，达到改变植物花色的目的。例如，将玉米的调节基因 *C1* 和 *R* 导入烟草和拟南芥之后，这两个物种的白色花冠都不同程度地变粉。

2. 花香

香味是花卉不可缺少的重要品质。人们对花卉的需求不仅仅停留在其观赏价值带给人的视觉美感，花卉香味的开发也越来越为人们所重视。但是花卉香味的代谢物构成复杂，目前已分离出的植物花香物质主要可分为萜类、苯基/苯丙烷类和脂肪酸衍生物三大类。通过导入相关基因已成功地使一些花卉香味发生改变。例如，将编码芳樟醇的基因导入康乃馨，成功地改良了康乃馨的花香。日本科技人员向大花蕙兰注入香味基因并且获得成功，让这种原本不香的兰花变得芳香四溢。

3. 花期

花期控制对观赏植物的生产和应用具有重要意义，而且花期始终是花卉品种改良的重要目标性状之一。开花诱导基因分为两类：①与开花时间有关的基因，这类基因的突变会使突变体开花时间提早或推迟，其中促进开花的基因包括 *CON-STANS*、*FCA*、*ELF3* 等，抑制开花的基因如 *EMF1*。②分生组织特征基因，决定新形成的原基继续营养生长还是转向花的发育，这类基因如 *TFL1* 和 *TFL2*。基因工程改变花期也取得了一定进展。例如，将 *DOH1* 基因导入石斛，获得的转化株的花期比对照株早 10 天。将 *PHYBI* 基因转入菊花，两个转基因植株的开花时间分别延迟 17 天和 20 天。

4. 花形

植株形态是否优美直接影响到花卉的观赏价值和商业价值。花卉形态改良主要包括花器官结构、花枝着生状态、花序类型、植株形态等方面。转基因技术在花卉的形态改良中发挥着重要作用。例如，将 *Ptt KN1* 基因导入康乃馨，结果使康乃馨的株型变得矮小。用烟草光敏色素 *PHYB* 基因转化菊花，结果获得分枝角度增大、节间缩短、高度变矮、叶绿素降低的 4 个株系。将 *Gh MADS3* 基因转入矮牵牛，矮牵牛的花器官普遍变小、花萼膨大、花冠深裂。

5. 花卉贮存期

花卉生产地通常与消费地相距较远，因此鲜花必须具有较长货架期才能满足其商品性和顾客的需要。影响花卉观赏寿命的因素非常多，但乙烯与花卉衰老的关系最直接。在乙烯生物合成过程中，最关键的酶是 1-氨基环丙烷-1-羧酸（ACC）合成酶和 ACC 氧化酶。研究发现，将香石竹的乙烯合成酶基因 *CARN363* 反向导入香石竹中，能使香石竹延缓衰老；将 ACC 合成酶的基因反向导入香石竹，使香石竹的观赏寿命延长两倍；普通康乃馨完全开放 5～7 天后就开始枯萎，而转基因的康乃馨'筑波 1 号'开放 19.5 天后，也没有枯萎。

花卉的长期保存会导致天然香味的丧失，通过转基因能提高芳香类物质含量，适当延长存放期而不丧失天然香味。例如，用发根农杆菌转化的柠檬天竺葵植株，其芳香类物质牻牛儿醇的含量比对照植株增加了 3～4 倍，其他芳香类物质如萜烯醇及桉树脑在转化株中也有较大增加。

（三）食品

食品是人类赖以生存的重要物质。人类的食品首先来自于自然界的动植物，通过选种、育种，不断获得符合人们需要的优良品种。利用遗传工程技术，能够对食品中的个别成分进行改良或优化。

通过基因转移或 DNA 重组，可以使作为食品资源的动植物的蛋白质、脂肪、淀粉等营养要素的含量、性质、结构朝着有益人们身体健康的方向转移和发展。大部分作物的蛋白质含量低，氨基酸构成不合理，基因工程技术在提高农作物蛋白质含量和质量方面取得了重要进展。例如，将巴西坚果或豌豆蛋白基因转入大豆中，可获得含有较高必需含硫氨基酸的转基因大豆；将小牛胸腺 DNA 导入小麦系 814 527，在第二代获得蛋白质含量高达 16.5%的小麦变异株。通过转基因还可以在作物中加入一些特殊蛋白质。例如，大豆蛋白中没有一些动物蛋白所特有的营养成分，可以将特殊动物蛋白的基因转入大豆，Maughan 等就曾将牛奶蛋白中的β-酪蛋白基因导入大豆基因组，获得了含有β-酪蛋白的转基因大豆种子。基因工程技术在作物其他营养品质的改良方面也取得了很大进展。例如，通过转基因降低大豆及芥花菜的饱和脂肪酸含量，提高植物食用油的不饱和程度；将腺嘌呤二磷酸葡萄糖焦磷酸化酶或无机焦磷酸酶基因转入马铃薯，可使其淀粉含量提高 20%～40%。

五、基因工程与环境保护

预防和阻止环境恶化、加强自然资源的持续利用、保持环境的完整性与维持生态平衡是人类生存与发展的重大课题。在环境监测、环境保护和环境污染治理等领域，基因工程技术发挥着越来越大的作用。

（一）环境监测

用特定的 DNA 或 RNA 片段作为探针，这种探针能与被测病原体的 DNA 或 RNA 互补，从而能快速灵敏地检测环境中的病原微生物。例如，探针技术可以在不到 1 天的时间内检出 1000L 水中的 10 个病毒，而常规检测需要数天乃至几周。

（二）环境污染治理

利用转基因微生物降解污染环境的石油、农药、重金属、除草剂等。例如，将假单胞菌质粒重组后转入细菌，获得降解石油的工程菌，不仅能降解石油中 60%的烃，而且在几小时内就可以达到自然菌需要用一年多时间才能达到的净化效果。这种工程菌已经应用于石油污染治理。某些特定转基因植物可以净化自然污染或工业污染的土壤。例如，表达细菌汞还原酶基因的转基因黄白杨，能够茁壮地生长在含有毒性水平汞离子的培养基中，其释放汞的水平高出非转基因植物约 10 倍；将中国仓鼠中的屏蔽基因（即将重金属离子排出的基因）转化到十字花科的芜菁体内，获得的转基因个体能将土壤中的镉留在植物根部，阻止其到达植物的茎、叶、果实部位，保护人畜的健康。此外，还有表达各种能够降解碳氢化合物酶的转基因烟草，以及过量表达硝酸盐还原酶的某些转基因树，可以消除各类氮氧化物。

（三）减少环境污染源

农药和化肥是农业生产中不可缺少的生产资料。但其长期、大量、不合理的使用，不仅增加了农业生产成本，也造成了越来越严重的环境污染。利用基因工程技术培育能自身固氮的农作物，增强作物的抗病虫害能力，就可以在农业生产中少使用甚至不使用化肥和农药，从而减少化肥和农药对环境的污染，目前已经取得很大成效。把抗虫或抗病毒基因转入作物体内，使其获得抗虫、抗病能力，已经成功培育出了抗虫棉、抗病毒木瓜等。科学工作者在实验室中通过细胞融合，将豆科植物的固氮基因转移到水稻、小麦、玉米等作物细胞中，让非豆科植物也像豆科植物那样利用空气中的游离氮，并已取得了成功。我国科学工作者将固氮微生物的固氮基因转移到禾本科植物根际的细菌中，研制成小麦根际固氮菌肥，试用于小麦拌种，使小麦增产达 20%，既保护了环境，又提高了粮食产量。

思 考 题

1. 何谓基因工程?
2. 简述基因工程的主要步骤。
3. 基因工程在农业领域有哪些主要应用?
4. 你对转基因技术的意义和应用前景有何评价?
5. 就你对基因工程技术的了解，分析转基因会对环境生物带来哪些影响。
6. 基因工程在医学方面有哪些具体应用?
7. 基因工程在能源领域有何应用?
8. 请阐述基因工程在环境保护方面的应用。

主要参考文献

程浩，金杭霞，盖钧镒，等. 2011. 转基因技术与大豆品质改良. 遗传，33（5）：431-436

崔峰，徐洪富，许永玉，等. 2002. 抗虫棉研究的进展、问题与对策. 植物保护学报，29（4）：371-376

代云凌，崔景泉，张翠英. 2009. 生物技术在食品工业中的应用. 中国园艺文摘，25（11）：163-165

段春燕，候小改，张亚冰，等. 2006. 棉花转基因技术和转基因棉花. 生物学通报，41（7）：4-5

段俊枝，周雷，潘英华，等. 2014. 耐冷调节基因及其在植物耐冷基因工程中的应用新进展. 作物杂志，6：10-15

范士靖，李建粤，程磊，等. 2002. 基因工程改良作物营养品质的研究. 生物工程学报，18（3）：381-386

方舟子. 2006. 转基因的妙用. 北京：少年儿童出版社

高志英. 2012. 基因工程在农业中的应用. 河南农业，6：47，54

胡雁春，曾洪，肖雍琴，等. 2006. 基因工程在花卉育种中的应用进展. 中国农村小康科技，11：49-52

黄春琼，郭安平，孔华，等. 2006. 基因工程在花卉育种中的应用进展. 热带农业科学，26（2）：54-59，88

黄春琼，刘国道，白昌军. 2013. 基因工程在牧草育种中的应用进展. 草地学报，21（3）：413-419

黄艳宁，张良波，彭尽晖，等. 2007. 基因工程对改良观赏植物品质的研究进展. 湖南林业科技，34（1）：29-32

李灿. 2011. 基因工程在花卉育种中的应用研究进展. 江西农业学报，23（6）：75-78

李德山. 2010. 基因工程制药. 北京：化学工业出版社

李开军. 2011. 常见重金属土壤污染及植物修复研究进展. 绿色科技，12：132-135

李盼，梁慧媛. 2005. 外壳蛋白介导的病毒抗性. 生物学通报，40（5）：61-62

李晓东，李波，范玲．2012．基因工程改良棉花纤维品质研究进展．生物技术通报，10：8-14
李银心，常风启，杜立群，等．2000．转甜菜碱醛脱氢酶基因豆瓣菜的耐盐性．植物学报，42（5）：480-484
沈亚欧，李淑君，林海建，等．2011．通过转基因手段改善作物产量性状．农业生物技术学报，19（4）：753-762
苏杰，丛靖宇，刘国军．2009．植物抗非生物胁迫基因工程研究进展．安徽农业科学，37（25）：11877-11881
孙毅．2010．生物技术的应用研究进展及尚待关注的问题．科技情报开发与经济，20（28）：177-179
王光寅，谭婷婷，潘祖亭，等．2009．生化药物和基因工程药物研究概述．河北化工，32（10）：5-7
吴福彪．2010．基因工程与植物的遗传改良．生物学通报，45（5）：7-10
吴金霞，陈彦龙，何近刚，等．2007．生物技术在牧草品质改良中的应用．草业学报，16（1）：1-9
吴孔明．2014．中国转基因作物的环境安全评价与风险管理．华中农业大学学报，33（6）：112-114
谢平，宋惠萍．2000．基因工程的发展及其医学意义．医学与社会，13（4）：3-5
徐鸿林，翟红利，王锋，等．2008．豇豆胰蛋白酶抑制剂基因（*cpti*）及其在抗虫转基因作物中的应用．中国农业科技导报，10（1）：18-27
杨君，马峙英，王省芬．2016．棉花纤维品质改良相关基因研究进展．中国农业科学，49（22）：4310-4322
杨汝德．2003．基因工程．广州：华南理工大学出版社
余晶．2009．转基因作物研发的标志性事件．http://www.cnhubei.com/xwzt/2010zt/zjyshs/zjysh/201001/t922591.shtml［2009-12-4］
张鹤龄．2000．我国马铃薯抗病毒基因工程研究进展．马铃薯杂志，14（1）：25-30
张石宝，胡虹，李树云．2002．花卉基因工程研究进展Ⅱ：花型、花期、货架期．云南植物研究，24（1）：94-102
赵恢武，陈杨坚，胡鸢雷，等．2000．干旱诱导性启动子驱动的海藻糖-6-磷酸合酶基因载体的构建及转基因烟草的耐旱性．植物学报，42（60）：616-619
赵丽华，杨平．2008．基因工程在花卉业的发展．农业科技通讯，7：24-27
周兰愉，张银东．2006．花卉基因工程的研究与应用．热带农业科学，26（3）：65-69
主楚杰，王爱云．2015．基因工程技术在杨树抗逆境方面的研究进展．江苏农业科学，43（2）：10-13
Boulter D, Edwards GA, Gatehouse AMR, et al. 1990. Additive protective effects of different plant derived insect resistance genes in transgenic tobacco plants. Crop Protect, 9: 351-354
Hilder VA, Gatehouse AMR, Sheerman SE, et al. 1987. A novel mechanism of insect resistance engineered into tobacco. Nature, 330: 160-163
James C．2014．2013 年全球生物技术/转基因作物商业化发展态势．中国生物工程杂志，（1）：1-8
James C. 2015. 2014 年全球生物技术/转基因作物商业化发展态势．中国生物工程杂志，35（1）：1-44

James C. 2016. 2015 年全球生物技术/转基因作物商业化发展态势. 中国生物工程杂志, 36(4): 1-11

Kebeish R, Niessen M, Thiruveedhi K, et al. 2007. Chloroplastic photorespiratory bypass increases photosynthesis and biomass production in *Arabidopsis thaliana*. Nature Biotechnology, 25(5): 593-599

Kodama H, Hamada T, Horiguchi G, et al. 1994. Genetic enhancement of cold tolerance by expression of a gene for chloroplast ω-3 fatty acid desaturase in transgenic tobacco. Plant Physiology, 105(2): 601-605

Ku MS, Cho D, Li X, et al. 2001. Introduction of genes encoding C4 photosynthesis enzymes into rice plants: physiological consequences. Novartis Foundation Symposium, 236: 100-116

Lee J, Burns TH, Light G, et al. 2010. Xyloglucan endotransglycosy-lase/hydrolase genes in cotton and their role in fiber elongation. Planta, 232: 1191-1205

Liu Q, Kasuga M, Sakuma Y, et al. 1998. Two transcription factors, DREB1 and DREB2, with an EREBP/AP2 DNA binding domain separate two cellular signal transduction pathways in drought and low temperature responsive gene expression, respectively, in *Arabidopsis*. Plant Cell, 10: 1391-1406

Molvig L, Tabe LM, Eggum BO, et al. 1997. Enhanced methionine levels and increased nutritive value of seeds of transgenic lupins(*Lupinus angustifolius* L.) expressing a sunflower seed albumin gene. Proc Natl Sci USA, 94(16): 8393-8398

Regierer B, Femie AR, Springer F, et al. 2002. Starch content and yield increase as a result of altering adenylate pools in transgenic plants. Nature Biotechnology, 20(12): 1256-1260

Shimada H, Tada Y, Kawasaki T, et al. 1993. Antisense regulation of the rice waxy gene expression using a PCR-amplified fragment of the rice genome reduces the amylose content in grain starch. Theor Appl Genet, 86(6): 665-672

第五章　转基因植物及其安全性评估

传统的杂交育种方法是将两个或多个品种的优良性状通过交配集中在一起，再经过选择和培育获得新品种。杂交育种的优点在于能集中不同品种中的优良性状，但只能利用已有的基因，不能产生新的基因，而且杂交进程缓慢，过程烦琐。利用X线、紫外线、激光等物理因素或亚硝酸等化学因素诱导生物变异的诱变育种能提高变异的频率，加速育种进程，但是基因突变的方向难以控制，也无法将多个优良性状组合到一起。转基因育种是将某些生物的优良基因转移到其他物种中，定向改造生物的遗传性状，使其营养品质、消费品质等方面更加符合人类的需要。因此，转基因育种具有明显的优势，在农林育种实践中的应用越来越广泛，随之而来的是人们对转基因植物安全性的关注与忧虑。

第一节　植物转基因技术

植物转基因是把从动物、植物或微生物中分离到的优良性状的基因（目的基因）或者经过修饰的基因导入植物的细胞或组织，使目的基因能够在受体内进行稳定的表达和遗传，使植物表现出人们需要的性状（图5.1）。1983年，美国孟山都公司以农杆菌 Ti（tumor inducer）质粒为载体将细菌的新霉素磷酸转移酶（neomycin phosphotransferase，NPT）的基因成功转入烟草并获得具卡那霉素抗性的烟草愈伤组织。以此为开端，植物转基因技术取得了快速发展，已经建立了农杆菌介导法、基因枪法、花粉管通道法、聚乙二醇介导法、电穿孔法、显微注射法等一系列的植物转基因方法。

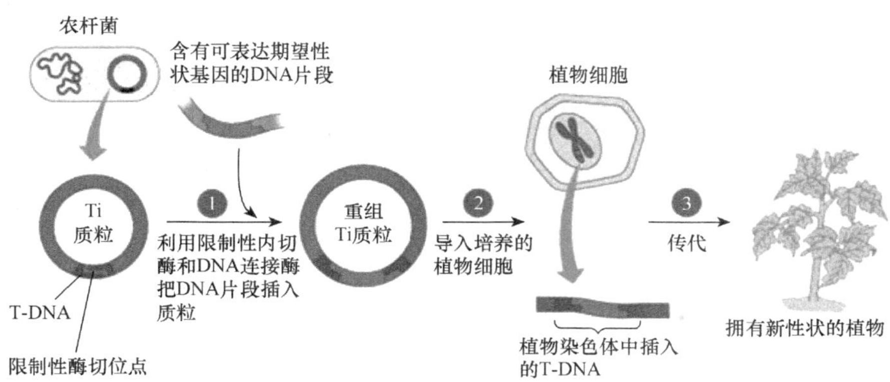

图5.1　植物转基因的基本流程

一、农杆菌介导法

农杆菌（图 5.2）是一种革兰氏阴性土壤杆菌，生活在植物根表面，依靠由根组织渗透出来的营养物质生存，能感染大多数双子叶植物的受伤部位形成肿瘤。农杆菌主要有两种类型：能够诱发冠瘿瘤的称为根癌农杆菌；能够诱导毛状根的称为发根农杆菌。在根癌农杆菌中有 Ti 质粒，在发根农杆菌中有 Ri（root induce）质粒。根癌农杆菌 Ti 质粒基因转化系统是目前研究最多、机制研究最清楚、技术最成熟的基因转化途径。Ti 质粒上有一段可以转移的 DNA（transfer-DNA，T-DNA）序列，农杆菌侵染植物伤口进入细胞后，可将 T-DNA 插入植物基因组中。因此，将目的基因插入经过改造的 T-DNA 区，借助农杆菌的感染就能实现外源基因向植物细胞的转移与整合，然后通过细胞和组织培养技术再生出转基因植株。该技术相继用于番茄、马铃薯和棉花等植物的转化，并取得了成功。

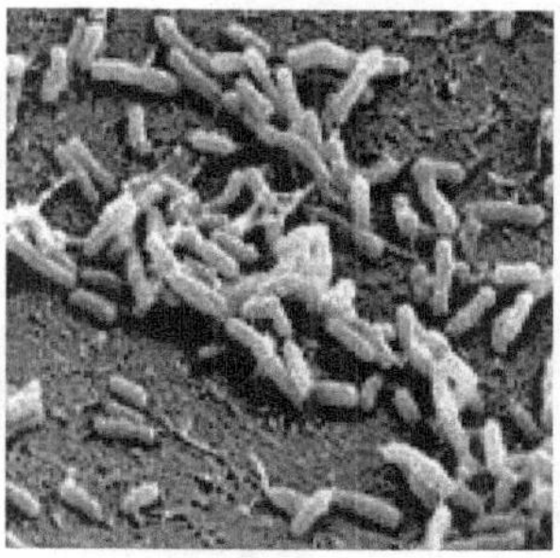

图 5.2　农杆菌

随着对农杆菌转化机制的不断了解，人们发现添加酚类化合物能促进农杆菌在植物细胞上的吸附力，提高转化率。因此，农杆菌介导法逐渐应用于单子叶植物尤其是禾谷类作物的基因转化研究，在小麦、水稻、玉米等农作物取得了成功。人类食物的 70%来源于禾谷类作物，所以单子叶植物的基因工程研究对人类具有十分重要的意义。

农杆菌介导法具有操作简单、转化效率较高、重复性好、实验费用较低等优点，是目前应用最广泛的一种植物转基因方法。但是，农杆菌介导法在难以离体再生的植物中转化效率低；在自然条件下，农杆菌只侵染双子叶植物，这是因为单子叶植物不是农杆菌的天然宿主，不能在受伤部位合成酚类物质。虽然可以采用人工添加酚类物质的方法诱导农杆菌完成侵染过程，但是单子叶植物的组织培养有一定的难度，目前只发现 20 多种单子叶植物能被农杆菌侵染。另外，植物的细胞壁对农杆菌介导转化的效果也有一定的不良影响。

二、基因枪法

基因枪是 20 世纪 80 年代初由康奈尔大学的 Sanford 等发明的。“基因枪”是一种形象的说法，将钨粉或金粉与 DNA 吸附制成“子弹”，利用基因枪的装置，通过高压放电将“子弹”加速到 482m/s，金属粒子在这种速度下能穿透植物细胞壁，可以将成千上万个带有外源 DNA 的金属粒子同时射入完整的细胞或器官（图 5.3）。根据不同的驱动动力，基因枪分为火药式基因枪、高压放电型基因枪和压缩气体型基因枪 3 种类型。基于安全性和稳定性，前两种基因枪已基本被淘汰。基因枪技术已成功应用于烟草、水稻、小麦、甘蔗、棉花、玉米、大豆、洋葱、番木瓜

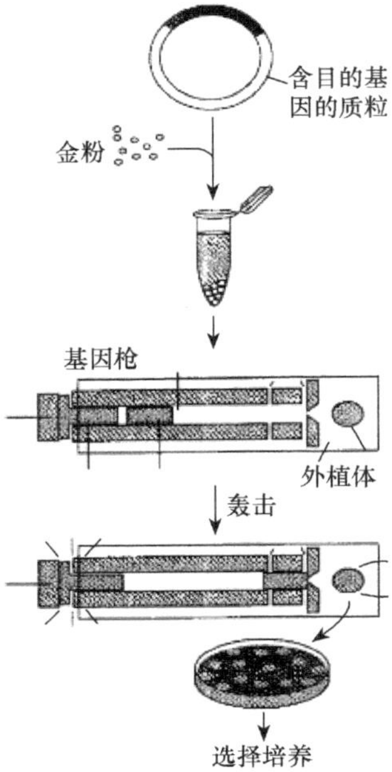

图 5.3　基因枪工作示意图

和葡萄等农作物的品种改良。

基因枪技术基本不受受体材料、靶细胞来源的限制，细胞、组织、器官等均可以作为转化受体，但是转化效率不高，轰击过程中可能造成外源基因的断裂，使插入的基因成为没有活性的片段，出现非转化体或嵌合体的可能性较高，还可能导致植物本身的某些基因非正常表达。

三、花粉管通道法

20 世纪 70 年代末期，周光宇等根据 DNA 片段杂交理论和植物开花受精过程的解剖学和细胞学特征，推测外源 DNA 可以通过花粉管经过的珠心通道进入受精胚囊，转化进入受精卵、早期合子及早期胚细胞，创建了花粉管通道技术。该技术的原理是：在植物授粉后的特定时期内，受精卵、早期合子及早期胚细胞无细胞壁和核膜结构，外源 DNA 以柱头内形成的花粉管为通道导入受精胚囊，在受精后细胞基因组复制活跃的条件下，外源 DNA 随机整合到受体植株基因组。目前该技术已成功地将外源 DNA 导入棉花、小麦、水稻、玉米、大豆、番茄、烟草等植株中，在分子育种研究中具有广阔的应用前景。

花粉管通道法可以避免复杂的组织培养和原生质体再生植株的困难，操作方便，不需要大量的时间和经费，育种周期短，对受体植物无种类的要求，对外源 DNA 也无特别要求。但是该方法受自然条件、环境条件及受体植物的花期等生理条件限制，转化率低，可重复性差。

四、聚乙二醇介导法

聚乙二醇（polyethylene glycol，PEG）能促进细胞膜之间或外源 DNA 与膜之间的接触和粘连，改变细胞膜表面的电荷引起细胞膜通透性的改变，使原生质体较好地吸收外源 DNA，外源 DNA 进入原生质体后随机插入并整合到染色体上，通过原生质体再生形成转基因植株。聚乙二醇介导法已在多种禾谷类作物如水稻、大麦、玉米及一些双子叶植物中获得了转基因植株。

聚乙二醇介导法设备简单，操作容易，对原生质体的伤害小，转化稳定，重复性好，不会产生嵌合转化体。但是原生质体的培养过程较为烦琐，原生质体培养和再生困难的植物难以利用该技术。

五、电穿孔法

电穿孔法是20世纪80年代初发展起来的一种遗传转化技术。植物细胞受到外界高压电击时，细胞膜会出现非对称穿孔，为外源基因提供了通道，DNA分子有可能通过小孔进入细胞内并整合到受体细胞的基因组上。这种开放小孔的出现具有可逆性，解除电击后这些小孔会关闭，使细胞恢复到正常生理状况，所以细胞本身的生理活动受到的影响不大。电穿孔法先后在烟草、玉米、水稻、马铃薯、番茄、大豆、小麦等作物原生质体上获得成功。该方法的优点是受体材料来源广泛，操作简便；缺点是转化率低。

六、显微注射法

显微注射法是使用毛细微管在显微镜下将外源 DNA 注射入植物细胞或原生质体的方法。这种方法最先用于动物细胞的遗传转化。在植物细胞显微注射时，由于细胞壁和原生质体的弹性，通常将细胞用琼脂糖多聚赖氨酸固定，也可以用吸管吸取单个细胞固定，然后将外源 DNA 通过特制的毛细微管注入细胞、原生质体或直接注入核内。显微注射已经应用于烟草、大麦、水稻等农作物的转基因研究中。

显微注射的注射量不受限制，转化率高，无物种局限性，适用于各种植物和各种材料。培养过程也不需要特殊的选择系统。但是显微注射操作较为复杂，需要精密的显微操纵仪，注射速度慢，通量小。此外，首先要建立固定原生质体的技术，因此限制了其在植物基因转化方面的应用。

第二节　转基因植物的安全性

利用转基因技术，能够使植物获得抗虫、抗病、抗逆、抗除草剂等优良特性，从而提高产量或品质，因此转基因生物特别是转基因农作物在全世界得到了广泛的应用。据不完全统计，目前至少有35科120多种植物已经成功培育出转基因株系，包括玉米、水稻、棉花、大豆、小麦、烟草、油菜、番木瓜等，部分转基因植物已商业化生产，并应用于食品和饲料领域。目前我国的转基因植物有22种，其中转基因水稻、大豆、马铃薯、烟草、玉米、花生、菠菜、甜椒、小麦等进行了田间试验，转基因棉花、番木瓜已经大面积种植。但是，转基因技术是一把双刃剑，在给人类创造巨大经济和社会效益的同时，也可能会给人类健康、环境生态等带来极大的潜在或现实危害。

一、转基因植物安全性的经典案例

转基因技术带来了育种技术的革命，但美国黑脉金斑蝶事件、加拿大“超级杂草”事件和墨西哥玉米事件等一系列事件使得转基因植物的安全性广受关注。

（一）美国黑脉金斑蝶事件

1999 年 5 月，康奈尔大学的一个研究组报道，他们的实验室发现，如果用撒了转 *Bt* 基因玉米花粉的马利筋叶片喂养黑脉金斑蝶（俗称帝王蝶）幼虫，4 天内会有 44%的幼虫死亡，余下的幼虫还发生了发育缓慢的现象。该文章发表在 *Nature* 杂志上，而且黑脉金斑蝶是一种美丽的珍稀濒危动物，很受美国人的喜爱。因此这篇文章一发表，在全世界引起了很大的反响。

马利筋（图 5.4）常生长在玉米田附近甚至内部，如果转 *Bt* 基因玉米的花粉真的会对黑脉金斑蝶幼虫造成威胁，那将是一个严重的问题，因为在玉米开花的时节，花粉有时候会飘在马利筋的叶片上。因此，这项研究结果被故意夸大，似乎认为转基因作物很快就要让黑脉金斑蝶灭绝了，甚至有人悲观地认为人类也会面临类似的灭顶之灾。

图 5.4　马利筋

事实上，这些说法在科学上没有说服力。因为试验是在实验室完成的，而且没有提供使用花粉量的数据。现在这个事件有了科学的结论：第一，玉米的花粉非常重，扩散不远，在玉米地以外 5m，每平方厘米马利筋叶片上只能找到一颗玉米花粉。即使在玉米田内部，平均每平方厘米马利筋叶片上也只有 171 颗转基因玉米花粉，远远达不到可以威胁黑脉金斑蝶幼虫的剂量。第二，2000 年开始，在美国三个州和加拿大进行的田间试验都证明，抗虫玉米花粉对黑脉金斑蝶并不构成威胁，实验室试验中用 10 倍于田间的花粉量来喂黑脉金斑蝶的幼虫，没有发现对其生长发育有影响。第三，绝大部分转 *Bt* 基因玉米的花粉中几乎不含 Bt 蛋白（或者含有很少的 Bt 蛋白)，转入的 *Bt* 基因主要在茎叶中表达。事实上恰恰是因为转基因玉米的大规模种植，减少了杀虫剂的使用，所以转基因玉米对黑脉金斑蝶反而可以起到保护作用。2000～2003 年，美国的转 *Bt* 基因玉米种植面积，增长了近 40%。与此同时，黑脉金斑蝶的数量也增加了 30%。多个领域的科学家经过两年的深入研究发现，现有的转基因玉米花粉不会在野外对黑脉金斑蝶幼虫造成危害。

（二）加拿大“超级杂草”事件

有人认为，外源基因的导入可能会造就某种强势生物，从而破坏原有生物种群的动态平衡和生物多样性。1995 年，加拿大首次商业化种植了转入抗除草剂基因的油菜。在油菜收获时，一些油菜籽掉落在泥土中，它们又会重新萌发。如果在这片田地上种的下一茬庄稼不是油菜，那么萌发出来的油菜就变成了一种不受欢迎的野菜，必须清除。在种植转基因油菜后的几年里，加拿大的农田里发现了可以抗 1～3 种除草剂的野草化的油菜植株，即“超级杂草”，不但很难铲除，而且会通过交叉传粉等方式，污染同类物种，使种质资源遭到破坏。

应当指出的是，“超级杂草”并不是一个科学术语，只是一个形象化的比喻，目前并没有证据证明已经有“超级杂草”存在。实际上，加拿大油菜地里发现的可以抗 1～3 种除草剂的“超级杂草”油菜，在喷施另一种除草剂 2,4-二氯苯氧乙酸（2,4-D）后即被全部杀死。当然，油菜是异花授粉作物，为虫媒传粉，花粉传播距离比较远，而且在自然界中存在相关的物种和杂草可以与它杂交，因此对其基因漂流的后果需要加强跟踪研究。

（三）墨西哥玉米事件

2001 年 11 月 29 日，美国加州大学伯克利分校的两位研究人员在 *Nature* 发表论文称：墨西哥偏僻的瓦哈卡山区的野生玉米，受到了转基因玉米 DNA 片段的污染，即基因漂流。墨西哥是玉米的起源地和品种多样性集中地，如果玉米原产地的遗传多样性受到污染，本地的玉米遗传结构受到破坏，产生的污染问题很严重。因此，出于保护玉米遗传资源等因素的考虑，墨西哥政府制定法规禁止种植转基因玉米，但墨西哥每年会从美国进口大量转基因玉米作为食品或饲料。因此，研究人员推测，由于从美国进口的转基因玉米包装上并没有转基因标识，一些不知情的农民把它们种到了农田里。另外，基因漂流也不是从转基因作物开始，而是历来都有。如果没有基因漂流，就不会有进化，世界上也就不会有这么多的植物类型和作物栽培品种。

该论文的发表，犹如一石激起千层浪。绿色和平组织等一些反对转基因作物的力量立即呼吁墨西哥禁止进口美国转基因玉米，墨西哥国家生态研究所的埃斯库拉也强调“如果不尽快采取措施，墨西哥玉米宝贵的生物多样性资源将遭到破坏”。这就是著名的“墨西哥玉米事件”。

该事件对中国也有很大的启示。中国是大豆的起源地和品种多样性集中地，有 6000 多份野生大豆品种，占全球的 90%以上。中国也同时进口转基因大豆，如果不进行严格的管理与约束，转基因大豆很有可能会使中国当地原产的大豆发生遗传污染。如果种植转基因大豆，野生大豆一旦受到污染，中国大豆的遗传多样性可能丧失。因此，国家对转基因大豆的控制比较严格，不允许种植。

二、转基因生物的潜在危害

（一）对生态环境的影响

1. 基因漂流到近缘野生种

转基因植物的外源基因如果通过风力或昆虫传播而漂流至近缘种（图 5.5），使野生植株获得原来没有的基因和相应的性状，就有可能对生态平衡造成不利影响，如跨越物种屏障、诱发自然生物种群改变等。如果转基因不育品种的不育基因在种植地大肆传播，会导致当地农业崩溃。

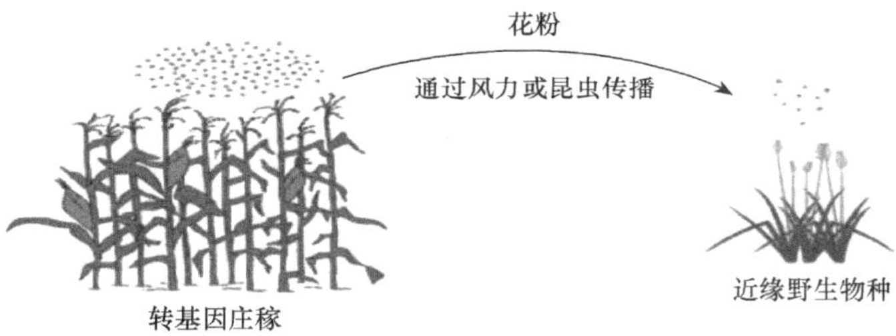

图 5.5 转基因植物的基因漂流

但是在自然生态条件下，有些栽培植物也会和周围生长的近缘野生种发生天然杂交，从而将栽培植物中的基因转入野生种中。另外，在评价转基因植物的安全性时，我们还需要考虑两个问题：①转基因植物释放区是否存在与其可以杂交的近缘野生种？如果没有，则基因漂流就不会发生。②存在近缘野生种，但基因转移到野生种中的结果并不一定都是有害的。如果是抗除草剂基因漂流到野生杂草使其获得对除草剂的抗性，则会增加杂草控制的难度，甚至会带来灾难；如果是品质相关的基因转入野生种，则不会增加野生种的生存竞争力，所以不会对生态环境造成很大影响。

2. 转基因植物演变成农田杂草

大部分转基因植物具有抗虫、抗病、抗逆及抗除草剂等特性，具有某些竞争优势，在生长势、越冬性和生活力等方面比非转基因植株强。一旦通过花粉导入或受精的方式将相关基因传给周围杂草，则会提高杂草的生存竞争力，甚至会出现“超级杂草”，从而引起严重的经济和生态上的后果。

目前，从水稻、玉米、棉花、马铃薯、亚麻等转基因植物的田间试验结果来看，转基因植物在生长势、越冬能力等方面并不比非转基因植株强，大多数转基因植物的生存竞争力并没有增加，所以不会演变为“超级杂草”。

3. 对自然生物种群的影响

在植物基因工程中所用的许多基因是与抗虫或抗病性有关的，这些转基因植物在作用于靶标生物的同时，对非靶标生物也可能会产生直接或间接的危害，从而导致生物种群的变化。例如，转入*Bt*杀虫基因的抗虫棉，其目标昆虫是棉铃虫和红铃虫等植物害虫。但是有研究报道，与常规棉田相比，转基因棉田中的昆虫群落、害虫和天敌亚群落的多样性指数和均匀度指数均低于常规棉田，说明转基因棉田的昆虫群落、害虫和天敌亚群落的稳定性不如常规棉田，某种害虫大发生的可能性较大。抗虫和抗病类转基因植物，除对害虫和病菌致毒外，对环境中的许多有益生物也将产生直接或者间接的影响，甚至会导致一些有益生物的死亡。抗病毒转基因植物还会诱发新病毒的产生，促进病毒扩大其寄主的范围。总之，转基因植物通过基因污染可对生物多样性产生影响，破坏原有的生态平衡，甚至导致物种灭绝和生物多样性的丧失。

（二）转基因植物的食品安全性

食品安全性是转基因植物安全性评价的一个重要方面。自农业转基因技术产业化以来，直接或间接食用转基因农产品的人数已超过10亿（刘科，2009）。虽然至今仍未有转基因食品引起人体不良反应的报道，但这并不足以说明转基因植物食品是安全的。目前认为转基因农产品对人类健康的潜在危害主要有三大类：①转基因植物中可能含有已知或者未知的毒素，如抗虫毒素或者蛋白酶抑制剂等，它们能对昆虫消化系统造成功能损害，因此对人体也可能产生伤害。例如，转*Bt*杀虫基因玉米在作为饲料或食品之前，应集中研究Bt蛋白对人畜的安全性。目前已有大量的实验数据证明Bt蛋白只对少数目标昆虫有毒，对人畜是安全的。②转基因植物可能会引发新过敏原。在自然条件下存在着许多过敏原，基因工程中如果将过敏原基因转入新的植物中，则会对过敏人群造成不利的影响。例如，将玉米的某一段基因序列加入小麦的基因中，对玉米过敏的人就可能对这些转基因的小麦食品过敏。所以，转入过敏原基因的植物不能批准商品化。例如，美国有人将巴西坚果中的2-*S*-清蛋白基因转入大豆，虽然使大豆的含硫氨基酸含量增加，但因为有人对其过敏而未能获准其商品化生产。③转基因食品中的外源基因是否会发生转移，以及转基因时所用的标记基因是否安全？转基因农产品通常都插入了外源基因的片段，人们长期食用这些食品会不会使人得到这些基因并改变人类特征？在转基因时作为标记的抗药性基因会不会传给致病的细菌而使人产生抗药性？这些都未有定论。

1993年，经济合作与发展组织（Organisation for Economic Co-operation and Development，OECD）在《现代生物技术食品的安全性评价：概念和原则》的

报告中提出了“实质等同性”的概念，并将其用于食品安全性评价。实质等同性原则，即生物技术产生的食品及食品成分是否与目前市场上销售的食品具有实质等同性。如果转基因植物生产的产品与传统产品具有实质等同性，则可以认为是安全的。例如，转病毒外壳蛋白基因的抗病毒植物及其产品与田间感染病毒的植物生产的产品都带有病毒外壳蛋白，这类转基因产品应被认为是安全的。如果转基因植物生产的产品与传统产品不存在实质等同性，则应该进行严格的安全性评价。

三、转基因安全隐患的缘由

（一）“实质等同性”概念的误导

通过导入外源基因对生物体的某一性状或某些性状进行改良的技术称为基因修饰技术，由此获得的含外源基因的生物体称为遗传修饰生物体（genetically modified organism，GMO）或转基因生物，包括转基因植物、转基因动物和转基因微生物。来源于转基因生物及其衍生产品的食品称为转基因食品（genetically modified food，GMF）。目前被批准商品化生产的转基因食品中90%以上为转基因植物及其衍生产品。

“实质等同性”（substantial equivalence）是将GMO与非GMO进行比较，如果没有发现二者有显著差别，就认为该GMO是安全的。但是需要指出的是，实质等同性原则本身并不是安全性评价，而是用来构建转基因食品安全性评价的基础。转基因食品的安全性还应从宿主、载体、插入的外源基因、基因表达产物和对食品营养成分的影响等方面综合考虑。

（二）基因工程的非精确性

转基因食品是遗传修饰生物体中的一类，又称为基因修饰食品。通过基因重组，可以使生物获得某些新的有用的性状。“第一代”的基因改造是将外源基因导入目标植物，大部分产品是名副其实的“转基因”产品。外源基因进入受体细胞后随机插入目标植物的基因组，因此需要进行多代的种植和筛选，确保外源基因被正确地插入，并对任何预期不到的结果进行筛查。但是第二代产品越来越多地利用更加微妙和精密的技术来限制外源基因插入的随机性。这些技术包括：①同源转基因修饰，将来自于同一物种的基因插入目标植物的基因组中；②基因组编辑，在这种技术中被插入、删除的基因及被修饰的基因（有时候是相当短的一段DNA）可以以植物基因组的特定位置为目标；③表观遗传修饰，让特定的基因选择性地“沉默”（即不表达），而不直接改变原有的基因序列。

第三节　转基因农作物的管理与安全性评估

国际组织、主要发达国家和部分发展中国家都制定了各自对转基因生物（包括植物）的管理法规，负责对其安全性进行评价和监控。

一、国际组织

联合国粮食及农业组织和世界卫生组织（World Health Organization，WHO）于 1990 年研究建立了有关生物技术食物安全评估程序。1993 年，WHO 研究了转基因植物使用抗生素标记基因的潜在危险性。经济合作与发展组织在 1993 年提出了实质等同性原则。2000 年，FAO/WHO 在瑞士日内瓦召开了转基因事物联合专家顾问委员会会议，对“实质等同性”概念的评价、转基因食品安全性评估的基本原则和内容、转基因植物的基因转移、非预期效应、营养学问题、转基因食品的过敏性问题、抗生素抗性标识、新蛋白质的不良反应，以及转基因食品对人体的长期作用、动物模型的必要性等问题进行了讨论，此次会议的讨论结果对各国进行转基因食品的安全性评价工作具有指导意义。2000 年，62 个国家签署了《卡塔赫纳生物安全议定书》，规定任何含有 GMO 的产品都必须粘贴“可能含有 GMO”的标签，并且出口商必须事先告知进口商。2001 年，出席在蒙特利尔举办的“生物安全国际会议”的 130 多个国家签署了《生物安全议定书》，其规定基因改良产品必须在产品标签上加标注“可能含有基因改良成分”，各国有权禁止进口他们认为可能对人类及环境构成威胁的基因改良食品。2002 年 3 月 8 日，FAO 和 WHO 宣布，国际食品法典委员会的特别工作组已经达成生物技术食品的风险评估的最后草案，226 个国家一致表示欢迎。该草案规定的原则将会为评估转基因食品的安全和营养提供指导框架，协议要求各国尤其是发展中国家大力提高管理机关的能力。

二、美国

目前，美国有美国农业部（United States Department of Agriculture，USDA）、环境保护局（Environmental Protection Agency，EPA）和食品药品监督管理局（Food and Drug Administration，FDA）三家管理机构监控运用生物技术的植物产品。这三大机构各司其职，相互配合，共同负责转基因生物和转基因产品的监督及管理工作。USDA 主要管理转基因动植物和农用微生物的安全性；EPA 主要负责转基因植物活性成分（如 Bt 蛋白）的登记，对活性/惰性成分的耐性免除，除草剂的登记，负责监管利用生物技术生产的微生物制品和杀虫剂的安全性；FDA 负责监管利用生物技术生产的食品、饲料及食品添加剂的安全性。

美国奉行实质等同性原则，如果转基因产品被认为与传统产品并无二致，一般被认为是安全的，所以美国对转基因植物的管理较为宽松。FDA 对转基因技术持支持的态度。1992 年，FDA 公布了允许转基因植物作为食物的政策，规定转基因植物新品种及其产品，不需由 FDA 做市场前评价，除非它引起了新的安全问题。但是要求各生产开发商参照相关条例和方法进行自我评估。1997 年，FDA 重申并公布了此类食品咨询程序指南，要求商品上市之前开发商要做好两方面的准备：①向 FDA 提交基于实验数据的安全性及营养性评估的简要报告；②与有关顾问科学家讨论支持评估的实验数据与信息，组织企业及 FDA 的专家就此开讨论会，以便深入了解该产品。2001 年 1 月，FDA 出台了转基因食品管理草案，规定来源于植物且被用于人类或动物的转基因食品在进入市场之前至少 120 天，生产开发商必须向 FDA 提出申请并提供此类食品的相关资料，以确认此类食品与相应的传统产品具有同等的安全性。FDA 还发布了转基因食品标识的草案，规定在标签中使用"来源于生物工程的"和"生物工程改造过的"等字样，而不用"GMO""非 GMO"和"GMF"等字样。

总的来说，由于美国的法律、政策认为，在通常情况下转基因产品并不会引发安全问题，因此 FDA 等机构并不需要主动对其进行审查，而是由生产商或销售商通过自愿咨询程序自行判断转基因产品的安全性并决定是否将其投入市场。但是对于某些特殊情况下特别是对直接供人类食用的转基因产品，FDA 则需要对其进行上市前的安全性审批。需要进行特殊监管的情况主要包括：①所转入的基因有可能产生无法预料的遗传性状；②所转入的基因有可能成为过敏原；③转基因食品中可能含有明显高于其他同类传统食品的有毒物质；④转基因食品中营养物质的成分和含量与其他传统食品有显著不同；⑤转基因食品生产过程中所使用的标记基因有所残留，且可能减损临床上抗生素的治疗效果；⑥某种转基因植物可能同时用于生产药品和食品。由此可见，虽然美国对转基因产品比较宽容，但其监管不可谓不严格。

三、欧盟

欧盟在国际上极力主张对转基因产品采取"预先预防态度"，欧盟法律明确宣布不欢迎转基因产品。欧盟食品工业要经过政府主管部门审批，在没有得到官方授权的情况下，转基因产品不能投放到欧盟市场。

2002 年 1 月 28 日，《欧盟食品法》（Regulation No. 178/2002）正式生效，2003 年又对其进行了修订。该法规规定，如果基因工程修饰使得新食品或食品成分不再等同于已经上市的食品，则应对该基因工程食品加贴特殊标签。所有含有可以检测到转基因（GM）成分（DNA 或蛋白质）的食品都必须加贴标签；如果转基因食品不符合实质等同性原则，即使检测不到最终产品中含有 GM 成分，也必须对该产品加贴标签。

2003 年 10 月 18 日，欧盟颁布了两项有关转基因食品标识的法规：①《转基因食品及饲料条例》(欧盟议会及欧盟理事会法规第 1829/2003 号),规定对转基因成分含量大于 0.9%的食品进行标识,管理更趋严格;②《转基因生物追溯性及标识办法以及含转基因生物物质的食品及饲料产品的追溯性管理条例》(欧洲议会及欧洲理事会法规第 1830/2003 号)。此外,欧盟还坚持对转基因产品从农田到餐桌中的各环节进行标识,保证转基因产品的可追溯性。其结果必定是导致转基因产品的生产、加工和销售各环节成本的增加。

四、其他国家

(一)日本

日本由文部科学省、通产省、健康劳务和福利部与农林水产省 4 个部门进行转基因食品安全的管理。文部科学省负责审批实验室生物技术研究与开发阶段的工作,负责审批试验阶段的重组 DNA 研究,1987 年颁布了《重组 DNA 实验准则》。通产省也称经济产业省,负责推动生物技术在化学药品、化学产品和化肥生产方面的应用,1986 年 6 月颁布了针对将重组 DNA 技术的成果应用于工业化活动的相关准则,规定了其在工业应用中的基本要求及条件,以确保重组 DNA 技术的安全,并促进该技术的合理应用。1996 年 4 月,健康劳务和福利部的食品卫生调查委员会批准了进口第一个转基因产品,从 2001 年 4 月 1 日起,允许 37 种转基因产品用于生产,2002 年增加到 44 种。1999 年 11 月,农林水产省公布了对以进口大豆和玉米为主要原料的 24 种产品加标签的规范标准,并要求对转基因生物和非转基因生物原料实施分别运输,以确保转基因品种的混入率控制在 5%以下。2001 年 4 月 1 日出台的有关 GMO 标识文件规定:如果 24 种(2003 年 1 月增加到 30 种)大豆、玉米产品转基因成分含量超过 5%,进行强制性标识;如果产品转基因成分含量<5%或被证明产品在生产和销售的每一阶段都是基于非转基因"身份保持"基础之上的,要标识为"不含转基因"。

(二)加拿大

加拿大主要由两家机构负责对转基因植物产品进行管理与监督:①加拿大食品检验署(Canada Food Inspection Agency,CFIA),成立于 1997 年,负责管理联邦一级注册、产品跨省或在国际市场销售的食品企业,并对有关法规和标准执行情况进行监督。CFIA 的另一项主要工作是对进出口食品实施监督检验,强制执行相关政策和标准。②加拿大卫生部(Health Canada,CH),主要负责新型食品的安全性评估,负责制定食品的安全及营养质量标准,制定食品安全的相关政策,鉴定与评估食源性疾病及其对健康的威胁。

加拿大关于转基因食品的有关条例主要有《新食品法规》(1995 年)和《新食品安全性评估标准》(1994 年)。《新食品法规》以"实质等同性"为基础,并要求生产商在新食品销售和发布广告前的 45 天内向健康保护局提交书面报告。从 2001 年 1 月起，加拿大对上市销售的转基因食品和药物进行标识。

（三）俄罗斯

2001 年，俄罗斯开始对进出口产品进行转基因成分检测，并要求对转基因食品加贴标签。俄罗斯政府规定，食品中转基因成分含量超过 5%，即被视为转基因食品并需要在食品包装上明确标注。为了帮助普通消费者了解食品中是否含有转基因成分，俄罗斯卫生部标准化中心发布了号称“绿名单”的三个清单，即已批准进口的转基因原料清单、获准正式注册的转基因豆类和食品添加剂清单，以及向俄罗斯进口转基因食品的企业及产品清单，同时也公布了已检测出含有转基因成分但未经申报的食品清单，即“黑名单”。

（四）韩国

韩国食品与药品管理局（Korea Food and Drug Administration，KFDA）发布了《转基因食品安全评价办法》，并从 1999 年 8 月起开始实施。韩国目前有两种转基因产品的标识办法：①《转基因农产品标识办法》，从 2001 年 3 月 1 日起开始实施。转基因产品含量超过 3%的必须进行标识，可以标为“转基因产品”“含有转基因产品”“可能含有转基因产品”3 种类型。②《转基因食品标识办法》，于 2001 年 7 月开始实施。其规定转基因食品上加贴“转基因食品”或“含转基因食品”的标识，违者将处以 2 年以下徒刑或 1000 万韩元的罚款。

五、中国

我国是一个人口大国，生产优质、高产的转基因作物是解决不断增加的人口对粮食需求的重要途径之一。但是转基因作物商品化的历史还比较短，它的食品安全性和环境安全性评价是一个系统、复杂的过程，很难在短期内得以确认，也许需要几代人的时间。另外，我国也是食品进口大国，为保护我国民众的身体健康和生态环境安全，需要对转基因食品的进口进行严格的管理，对存在的风险要进行科学论证和评估。目前，中国政府已经批准建立了科学、严格的农业转基因生物安全性评价与管理体系。

国家科学技术委员会（现为科技部）在 1993 年 12 月发布了《基因工程安全管理办法》，按照潜在的危险程度将基因工程分为Ⅰ、Ⅱ、Ⅲ和Ⅳ四个安全等级，分别表示对人类健康和生态环境尚不存在危险、具有低度危险、具有中度危险和具有高度危险，同时规定从事基因工程实验研究需要进行安全性评价。

农业部（现为农业农村部）在 1996 年 7 月颁布了《农业生物基因工程安全管理实施办法》，就农业生物基因工程的安全等级和安全性评价、申报和审批、安全控制措施及法律责任等做了较为详细的描述和规定。农业部设立了农业生物基因工程安全管理办公室，并成立了农业生物基因工程安全委员会，负责全国农业生物遗传工程体（转基因生物）及其产品的中间试验、环境释放和商品化生产的安全性评价。

2001 年 5 月，国务院公布了《农业转基因生物安全管理条例》，按照对人类、动植物、微生物和生态环境的危险程度，将农业转基因生物分为Ⅰ、Ⅱ、Ⅲ、Ⅳ四个等级。该条例于 2017 年进行了修改，其中的 2 条内容被删去，5 条内容被修改。

2001 年 12 月，卫生部（现为国家卫生健康委员会）以“卫生部令第 28 号”的形式提出了《转基因食品卫生管理办法》，其规定：①转基因食品应当符合《中华人民共和国食品卫生法》及其有关法规、规章、标准的规定，不得对人体造成急性、慢性或其他潜在性健康危害。②食用安全性和营养质量不得低于对应的原有食品，生产企业必须达到国家有关食品生产企业卫生规范的要求。③转基因食品应有一定的标识，要标注“转基因××食品”或“以转基因××食品为原料”。如果转基因食品来自潜在致敏食物的，还要标注“本品转××食物基因，对××食物过敏者注意”。2002 年 3 月，中国开始执行《农业转基因生物标识管理办法》，并规定对转基因生物及其加工产品贴标识。

思　考　题

1. 请简述植物转基因的基本过程。
2. 转基因生物的潜在危害主要表现在哪些方面？
3. 你认同实质等同性原则吗？
4. 你对转基因食品的安全性有何评价？
5. 你认为转基因食品不安全的主要原因有哪些？
6. 植物转基因与传统的育种技术具有本质差异吗？
7. 请检索并查阅我国有关转基因食品的管理与标识规定。
8. 美国要求哪些转基因食品需要进行特殊监管？
9. 你对转基因食品的安全监管有哪些建议？

主要参考文献

崔旭东，张冰玉，丁昌俊，等．2013．植物转基因技术及其在林木遗传改良中的应用．世界林业研究，26（5）：42-46

高俊山，林毅，叶兴国，等．2003．植物转基因技术和方法概述．安徽农业科学，31（5）：802-805

孔庆江，杨育晗．2017．欧、美、日转基因产品安全审批制度研究及对我国的启示．科技与法律，6：56-65

李斌，黄艳，杨阳. 2011. 关于转基因安全性问题的几点思考. 科技创新导报，25：253-254
刘科. 2009. 转基因农产品生物安全评价中的非科学因素分析. 未来与发展，1：84-87
马骏，高必达，万方浩，等. 2003. 转 *Bt* 基因抗虫棉的生态风险及治理对策. 应用生态学报，14（3）：443-446
屈聪玲，贺榆婷，王瑞良，等. 2017. 植物转基因技术的过去、现在和未来. 山西农业科学，45（8）：1376-1380，1383
田娅红，张鼎华. 2014. 植物转基因研究进展及安全性分析. 廊坊师范学院学报（自然科学版），14（4）：89-93
汪由，吴禹，王岩，等. 2010. 五种常用的植物转基因技术. 杂粮作物，30（3）：186-189
王南. 2014. 转基因食品安全性分析. 园艺与种苗，7：51-53
王锐，杨晓光. 2007. 国际组织和世界各国对转基因食品的管理. 卫生研究，36（2）：245-248
徐丽萍，刘树英，于淼，等. 2014. 常见的植物转基因技术及方法研究进展. 北方园艺，20：184-188
薛菲，孙春玉，蒋世翠，等. 2014. 植物转基因技术及其应用. 吉林蔬菜，5：39-41
杨长青，王凌健，毛颖波，等. 2011. 植物转基因技术的诞生与发展. 生命科学，23（2）：140-150

第六章　遗传病及其防治策略

遗传病（genetic disease）是指遗传物质的结构和功能改变所导致的疾病。随着人们对自身的遗传基础、人类疾病与遗传关系认识的不断深入，“遗传病”的概念也不断发展。以往的遗传病是指人体生殖细胞或受精卵的遗传物质发生变异所引起的疾病。后来发现肿瘤等疾病是体细胞的遗传物质变异引起的，还有一些疾病是线粒体的遗传物质变异所致。人们越来越清晰地认识到人体的健康状态或疾病都直接或间接与基因有关，任何疾病的发生和发展都是遗传因素和环境因素相互作用的结果。

第一节　遗传病的主要特征与主要类型

遗传病在临床上与非遗传性疾病一样，都是某些器官的结构、形态或功能异常。但是遗传病是遗传物质变异引起的，具有鲜明的遗传特征。另外，由于遗传变异的复杂性和随机性，遗传病的类型也是多种多样的。

一、遗传病的主要特征

1. 遗传病具有垂直传递的特性

遗传病通常由上代传至下代。但是有些遗传病患者没有生育能力（如某些染色体病患者），或者活不到生育年龄，因此在这样的遗传病家系中就观察不到垂直传递的特性。

2. 遗传病有遗传物质的改变

遗传病是基因突变或染色体畸变所引起的。无论遗传变异发生在生殖细胞还是在体细胞，由此导致的疾病均为遗传病。

3. 遗传病往往具有终生性的特征

遗传病是遗传物质的变异引起的，因此这类疾病不能自己痊愈，对个体的影响是终生的。虽然有些遗传病可以通过治疗得到部分控制，但是目前还不能彻底纠正遗传的缺陷，因此现有的遗传病治疗方法仅能治标而不能治本。

4. 遗传病通常表现出先天性的特征

先天性疾病（congenital disease）是指个体出生就表现出来的疾病。如果先天性疾病主要表现为机体形态结构的异常，则一般称为先天畸形。许多遗传病患者在出生后即有明显异常，因此大多数先天性疾病实际上就是遗传病。但是，先天性疾病并不一定都是遗传病，除了遗传因素以外，一些环境因素也会导致先天性疾病。例如，先天性梅毒、妊娠期间感染风疹病毒等会引起先天性心脏病，妊娠期间用药会引起畸胎，这些都是先天性的，但都不是遗传病。另外，有些遗传病基因表达得比较晚。例如，遗传性小脑共济失调患者要到 30 岁以后才发病，出现步态蹒跚、意向性震颤等临床表现，而且随着年龄增长症状不断加重，因此不是所有的遗传病都在出生时就表现出症状。

5. 遗传病往往是家族性疾病

所谓家族性疾病（familial disease）是指表现出家族聚集现象的疾病，即在同一家族中有两个以上的患者。虽然遗传病具有家族性的特征，但并不是所有的遗传病都具有家族性，有不少的遗传病特别是隐性遗传病和染色体病没有家族史，往往在几代人中只出现个别患者。相反，有些非遗传性疾病，由于家族的成员处于相同的环境条件而同患某种疾病，表现出家族性，如肺结核、肝炎及缺乏维生素 A 引起的夜盲症等。

二、遗传病的主要类型

人类遗传病的种类繁多，随着对遗传病认识的不断深入，遗传病的分类体系也在不断发展。过去主要有两种分类方法：一是按照人体系统分类，将遗传病分为神经系统遗传病、血液系统遗传病、生殖系统遗传病、心血管系统遗传病、泌尿系统遗传病、内分泌系统遗传病等不同类型；二是按照遗传方式分类，将遗传病分为基因病和染色体病两种类型，其中基因病包括单基因病和多基因病，染色体病包括常染色体病、性染色体病、染色体数目异常遗传病、染色体结构畸变遗传病等。现代医学遗传学则将人类遗传病分为以下 5 种类型。

（一）单基因病

单基因病（monogenic disease）是单个基因突变所致的疾病。据在线人类孟德尔遗传数据库报道，已被美国国家生物技术信息中心正式收录的单基因病就有 22 000 多种。根据单基因的作用方式及所在染色体的类型，单基因病又进一步分成常染色体单基因显性遗传病、常染色体单基因隐性遗传病、性染色体单基因显性遗传病、性染色体单基因隐性遗传病等不同类型。

（二）多基因病

多基因病（polygenic disease）是由多个基因共同作用所引起的疾病，每个基因对疾病的影响较小，但是各基因的作用可以累加，而且受环境的影响比较大。目前已经报道的多基因病只有 100 多种，但每一个病种在群体中的发病率都较高。例如，原发性高血压的群体发病率为 6%，消化性溃疡为 4%。多基因病在人群中的总发病率为 15%～20%。

（三）染色体病

染色体病（chromosome disease）是染色体的结构或数目异常所引起的疾病。其中又可以分为常染色体数目异常遗传病、常染色体结构畸变遗传病、性染色体数目异常遗传病、性染色体结构畸变遗传病等不同类型。

目前发现的人类染色体数目异常和结构畸变有1000多种，已经确定或已经描述的综合征有300多种。染色体异常常见于自发流产的胎儿、高龄孕妇所怀胎儿、先天畸形或发育异常患者、不育夫妇或流产妇女。出生时染色体病的发生率约为7%，在妊娠后3个月的自发流产中，染色体畸变约占50%。染色体病的群体发病率约为0.54%。

（四）体细胞遗传病

体细胞遗传病（somatic disease）是体细胞遗传物质突变所引起的疾病，只发生于特定类型的体细胞。这类疾病包括恶性肿瘤、白血病、自身免疫缺陷病等。

（五）线粒体遗传病

人类细胞线粒体DNA是独立于细胞核DNA之外的又一基因组，有37个基因，这些基因突变可以导致线粒体遗传病（mitochondrial genetic disease），如肌阵挛型癫痫（myoclonic epilepsy，ME）、Leber遗传性视神经病（Leber hereditary optic neuropathy，LHON）等，目前发现人类100多种疾病与线粒体DNA突变有关，这类疾病属于母系遗传病。

如果将单基因病、多基因病、染色体病、体细胞遗传病和线粒体遗传病的发病率综合考虑，人类群体中20%～25%的人都患有各种不同种类、不同程度的遗传相关疾病，所以人群中遗传病的发病率相当高。另外，人类遗传学研究表明，每个人平均携带5或6种有害基因，并且会把这些有害基因传递给自己的后代，因此，即使是未表现遗传病症状的个体，也并非与遗传病无关，实际上遗传病与每个人、每个家庭都是相关的。据有关资料统计，我国每年约2000万的新生儿中，有80万～120万是出生缺陷儿，其中先天性遗传代谢病患儿约30万；自然流产约占全部妊娠的7%，其中约50%是染色体畸变造成的，约为70万例；在智力发育不全的病例中约有1/3是遗传病导致的。这些都是影响我国人口整体遗传素质的重要因素。

第二节　单基因病

单基因病受一对主基因（major gene）控制，在人群中的发病率约为3.5%（不包括先天性红绿色盲）。根据单基因的显隐性关系及其所在染色体的类型，单基因遗传病可以分成若干不同的种类。

一、常染色体单基因显性遗传病

常染色体单基因显性遗传病的致病基因为显性并且位于常染色体上，杂合状态下即可发病。男女发病的概率相同。在单基因遗传病中，常染色体显性遗传病（autosomal dominant hereditary disease，AD）的数量最多，如尿崩症、多发性家族性结肠息肉、多指（趾）、短指（趾）和并指（趾）、先天性非溶血性黄疸、偏头疼、亨廷顿舞蹈症、马方综合征等。

1. 短指（趾）

短指（趾）患者不仅手、足的指（趾）短，而且指（趾）节数也减少（图 2.3）。患者身材矮小，1905 年 Farabee 报道的三位短指（趾）男性平均身高仅为 159cm。

2. 马方综合征

马方综合征患者通常又高又瘦，手指很长，脊柱弯曲（图 6.1）。另外，患者可能会有关节疾病、深度近视及视网膜移位。大部分患者都有大动脉扩张问题，有些患者的大动脉会因过分扩张而爆裂，导致死亡。

3. 多指（趾）

多指（趾）是指正常手指、足趾以外的手指、足趾赘生，或者手、足的指（趾）骨赘生，或足单纯软组织赘生，或足掌骨赘生等（图 6.2）。

图 6.1　马方综合征患者

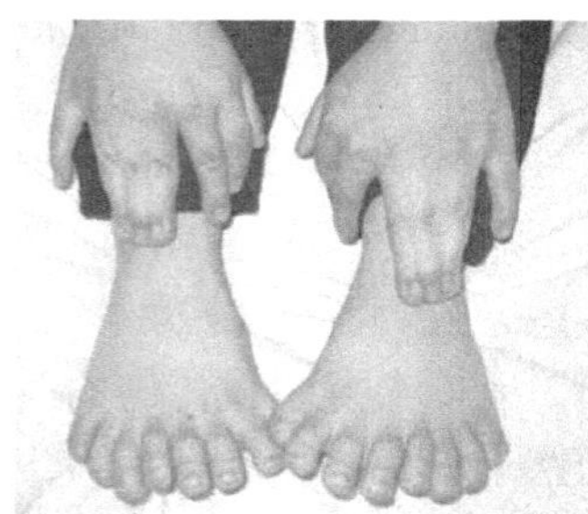

图 6.2　多指（趾）患者

4. 亨廷顿舞蹈症

亨廷顿舞蹈症（Huntington disease，HD）因美国医生 Huntington 在 1872 年首次对其进行了全面系统的描述而得名，又称为亨廷顿病。以欧洲和北美洲白种人多见，亚洲和非洲人发病率低。通常是在 35～50 岁发病，也有 10 多岁发病或 60 岁以后发病的。早期症状常为不规则的肌肉抽动，表现为手指屈伸运动、点头、面肌抽动呈怪相（图 6.3），进一步发展为面、颈、肢体和躯干出现突然、无目的、强烈的不自主舞蹈样动作。舞蹈症状出现后智力障碍往往加重，最终出现痴呆。患者一般在症状出现后 15～20 年死亡。

二、常染色体单基因隐性遗传病

常染色体单基因隐性遗传病（autosomal recessive single gene genetic disease，AR）的致病基因为隐性并且位于常染色体上，只有纯合子时才发病。目前已知的常染色体单基因隐性遗传病或异常性状将近2000种，如着色性干皮病、苯丙酮尿症、白化病、半乳糖血症、黑尿病、先天性聋哑等。

图 6.3　亨廷顿舞蹈症

1. 着色性干皮病

着色性干皮病（xeroderma pigmentosum，XP）是第一个被发现与损伤DNA修复缺陷有关的疾病，其最主要的特征是患者皮肤对阳光敏感并可在幼年发生癌变。起初在暴露部位出现雀斑（如面部）和皮肤发干（图6.4），继之出现毛细血管扩张，最终皮肤癌变。可累及各种族人群，以日本人和中东人发病率最高。

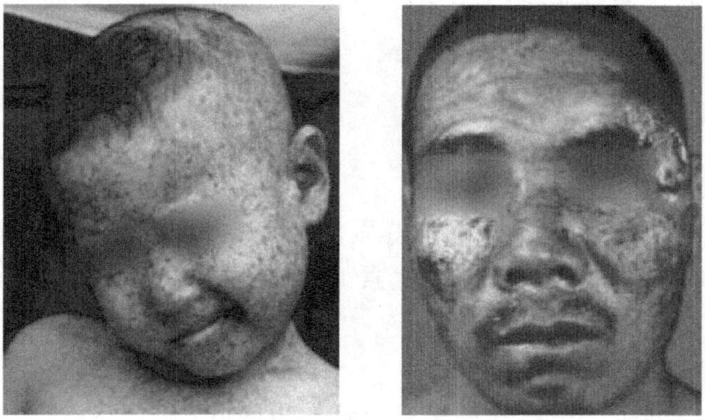

图 6.4　着色性干皮病患者

2. 苯丙酮尿症

苯丙酮尿症（phenylketonuria）患者肝脏内不能形成苯丙氨酸羟化酶（PAH），使苯丙氨酸的转化受阻，导致血液和其他组织中苯丙氨酸的积累。过量的苯丙氨酸及其衍生物——苯丙酮酸由尿中排出，所以称为苯丙酮尿症。目前以低苯丙氨酸饮食治疗。患者还表现为智力发育不全，严重的呕吐，皮肤、毛发颜色变浅，虹膜颜色减退，尿、汗有特殊腐臭味。

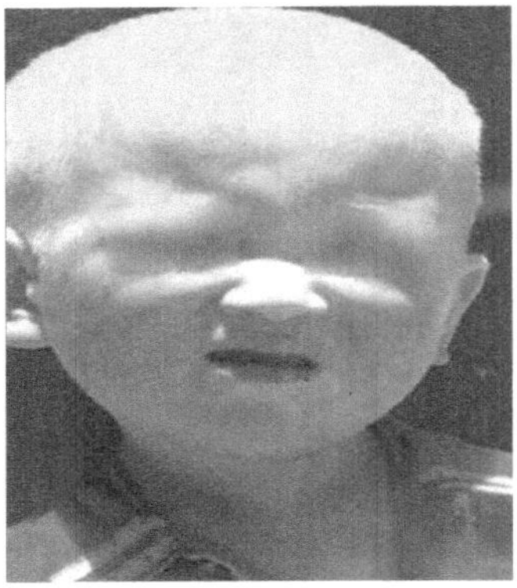

图 6.5 白化病患者

3. 白化病

白化病（albinism）患者不能合成酪氨酸酶，使体内黑色素的形成受阻，缺乏黑色素，导致全身发白，就连头发、眉毛也是白的（图 6.5）。患者怕日光的曝晒，尤其是眼睛特别畏光，几乎都眯着眼睛，特别严重者还可能因为光线刺激过强而失明。

4. 半乳糖血症

半乳糖血症（galactosemia）患儿缺乏 1-磷酸半乳糖尿苷转移酶，进食含乳糖食物后，血中 1-磷酸半乳糖浓度明显升高，在肝脏、脑等器官中积聚，导致相应器官受损和功能障碍。在肝脏积聚可引起肝肿大、肝功能受损；在脑的积聚可引起运动及智力障碍。患儿出生后数日至数周即有呕吐、腹泻、黄疸，随之发生脱水、体重下降、肝损害。如不戒奶，则智力发育障碍，症状进行性加剧。

三、性连锁遗传病

致病基因位于性染色体上，疾病的发生与性别相关，称为性连锁遗传病（sex-linked disease）。

（一）X 连锁遗传病

1. X 连锁显性遗传病

由于女性有两条 X 染色体，获得显性致病基因的机会大，因此女性发病率高。这类遗传病的种类较少，抗维生素 D 佝偻病、色素失调症等都属于这类遗传病。

（1）抗维生素 D 佝偻病

抗维生素 D 佝偻病患者的肾小管对磷的重吸收和小肠对磷、钙的吸收能力不健全，造成尿磷增加，血磷降低，影响骨质钙化而引起佝偻病。患者矮小，下肢进行性弯曲、膝外翻或内翻等（图 6.6）。患者用常规剂量的维生素 D 治疗无效，故称为抗维生素 D 佝偻病。

（2）色素失调症

色素失调症又称 Block-Sulzberger 综合征，患此病的女孩出生时发生红斑性泡状皮疹，继之出现大理石蛋糕样的色素沉着（图 6.7），除皮肤症状外，可伴有眼部、牙齿和中枢神经系统的缺陷。

2. X 连锁隐性遗传病

由于女性细胞中有两条 X 染色体，当一条 X 染色体带有隐性致病基因，另一

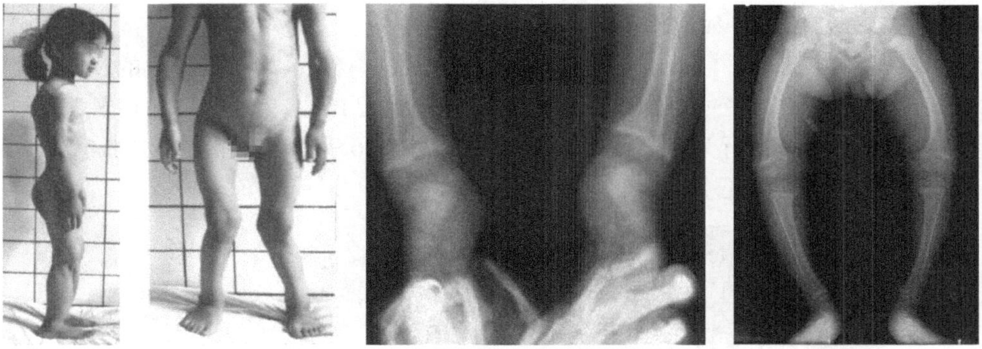

图 6.6　抗维生素 D 佝偻病患者

条 X 染色体带有显性正常基因时，隐性基因控制的遗传病不能表现，这种表型正常但其中的一条 X 染色体上带有隐性致病基因的女性称为遗传病携带者。当两条 X 染色体上的等位基因都是隐性致病基因时，个体表现出遗传病的症状。在男性细胞中，只有一条 X 染色体，Y 染色体上缺少同源节段，所以只要 X 染色体上有一个隐性致病基因就会发病。因此，这种遗传病传给儿子的风险高。

目前已发现的 X 连锁隐性遗传病达 300 多种，常见的有红绿色盲、血友病、自毁性综合征、进行性假肥大性肌营养不良等。

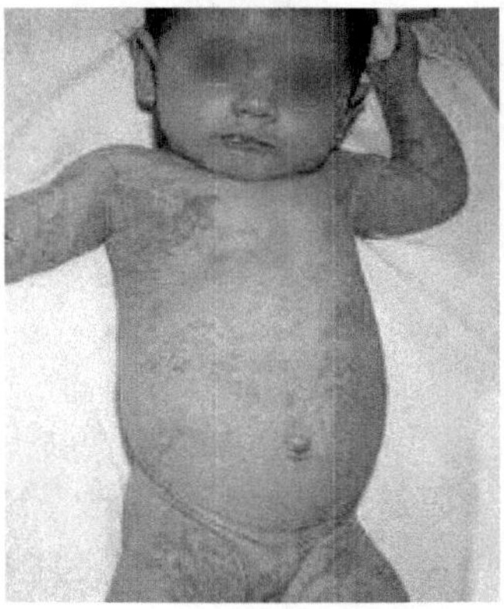

图 6.7　色素失调症患者

（1）红绿色盲

红绿色盲是一种先天性的色觉障碍病，患者不能分辨红色和绿色。据报道，男性患红绿色盲的比例为 7.0%，女性为 0.5%。红绿色盲患者不适宜从事美术、纺织、印染、化工等需色觉敏感的工作。在交通运输中，红绿色盲患者因不能辨别颜色信号，可能导致严重的交通事故。

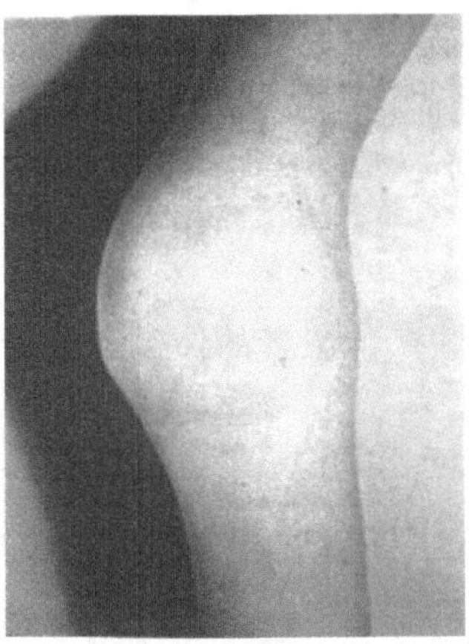

图 6.8　血友病患者肘关节腔多次出血后引起关节变形

（2）血友病

血友病是一种遗传性出血性疾病，是血液中某些凝血因子的缺乏而导致的严重凝血功能障碍。凝血时间延长，终身具有轻微创伤后出血倾向，重症患者没有明显外伤也可发生“自发性”出血。皮肤出血可形成皮下血肿，关节、肌肉出血常累及膝关节时，可导致跛行，不经治疗者往往造成关节永久性畸形（图 6.8）。我国血友病的总患病率为 2.64/10 万，与欧美相比较低。

（3）自毁性综合征

自毁性综合征（Lesch-Nyhan syndrome）是一种自身毁伤行为的遗传病。患儿出生时正常，2～3 岁时开始强制性地咬自己的手指、嘴唇和口腔黏膜，不自觉地进行自毁行为，如咬伤或抓伤自己（图 6.9）。虽然能感觉到痛，但不能控制自毁行为，还会侵害他人。

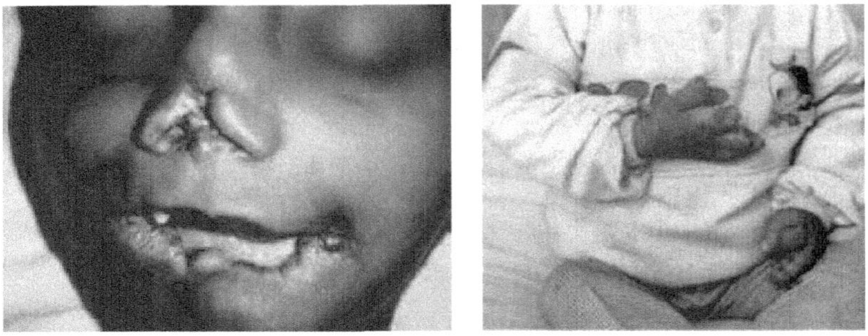

图 6.9　自毁性综合征患者自咬嘴唇、手指而致残

（二）Y 连锁遗传病

该类遗传病的致病基因位于 Y 染色体上，X 染色体上没有与之相对应的基因，所以这些基因只能随 Y 染色体传递，由父亲传给儿子，儿子传给孙子，如此世代相传。Y 染色体上主要有男性决定因子方面的基因，其他基因很少，所以 Y 连锁遗传病极少见，已知的有外耳道多毛症、箭猪病、鸭蹼病、中指无甲、三睾丸等。

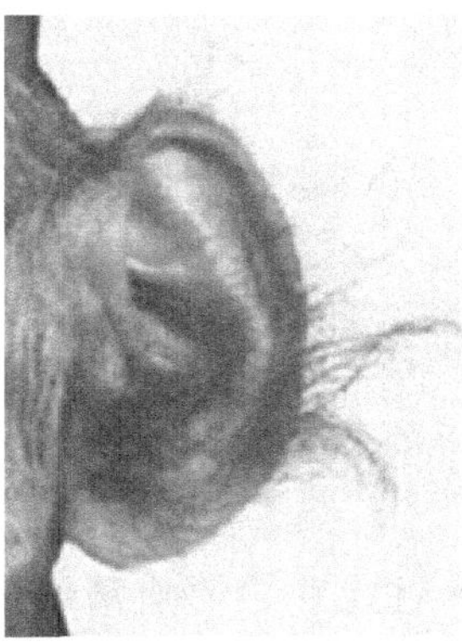

图 6.10　外耳道多毛症患者

（1）外耳道多毛症

外耳道多毛症患者外耳道中可长出 2～3cm 的黑色硬毛，常可伸出耳孔外（图 6.10）。外耳道多毛症全部都表现为双侧性，而且明显对称。多毛的部位常见于外耳道口、耳轮缘和耳屏。而且位于耳郭的前面，没有发现耳郭背面多毛者。

（2）箭猪病

箭猪病是一种罕见的皮肤病，患者的体毛和箭猪比较相似，似乎是背上长出硬刺。

第三节　多 基 因 病

有些遗传病受多对基因控制，称为多基因病。每对基因对疾病的影响较小，但不同基因的作用可以累加，而且受环境的影响比较大。目前已知的多基因遗传病有 100 多种，其中许多还属于常见病，如高血压、冠心病、动脉粥样硬化、哮喘、糖尿病、胃溃疡、十二指肠溃疡、精神分裂症、风湿病、癫痫等，以及唇裂、腭裂、脊柱裂等先天畸形等。多基因病虽然种类不多，但是群体发病率很高，占 15%～20%，常常表现出家族倾向，但不像单基因病那样呈现 1/2 或 1/4 的典型比例，而是 1%～10%。

一、精神分裂症

精神分裂症（schizophrenia，SZ）简称分裂症，旧称早发痴呆，是一种较为常见的精神障碍性疾病，具有发病率高（全球人群患病率达 1%）、治愈率低、复发率高的特点。精神分裂症发病多始于青春期和成年早期，儿童期和 50 岁以上的人群发病极少。具有特征性的思维、情绪和行为互不协调、联想散漫、情感淡漠、言行怪异、幻觉、妄想、脱离现实等多方面的障碍，一般无意识及智力障碍，病程多迁延，进展缓慢。除少数患者可自然缓解外，如不经适当治疗，部分患者最后可陷于精神衰退状态。平均预期寿命减少 10～20 岁。精神分裂症的病因仍不明确。

遗传度是表明遗传因素对疾病所起作用大小的重要指标。国外报道精神分裂症的遗传度为 80%，国内的报道有一些差异。例如，上海市遗传学会多基因病协作组报道的数据为 82.9%，王天祥报道为 63%，钱得胜报道为 60.46%，王学民报道为 70.85%，这些数据表明精神分裂症的遗传易感性和家族聚集性主要是由遗传因素决定的。此外，环境因素对精神分裂症的发病也有一定的影响，这些因素主要包括：幼年人际关系不良，幼年家庭气氛紧张，病前性格明显内向，妊娠期间病毒感染、营养不良、出生时并发窒息，外界压力超过中枢神经的耐受能力或内环境稳定性遭到损害等。

二、糖尿病

糖尿病（diabetes mellitus，DM）是由遗传因素、免疫功能紊乱、微生物感染、精神因素等各种致病因子作用于机体，导致胰岛功能减退、胰岛素抵抗等而引发的糖、蛋白质、脂肪、水和电解质等一系列代谢紊乱综合征，临床上以高血糖为主要特点。持续高血糖与长期代谢紊乱等可导致全身组织器官，特别是眼、肾、心血管，以及神经系统的损害及其功能障碍和衰竭，并能导致肾脏、神经等多种病变。据估计，糖尿病导致人的期望寿命减少 15 年。

根据发病原因的不同，糖尿病可以分为 1 型糖尿病、2 型糖尿病、妊娠糖尿病和特殊类型糖尿病等不同类型。1 型糖尿病属于自身免疫性疾病，多发生于青少年。这类患者由于胰岛β细胞膜上 HLA-Ⅱ类的基因异常表达，β细胞成为抗原提呈细胞，在环境因素（病毒感染等）作用下，免疫反应被激活，产生自身抗体，导致胰岛细胞炎症，演变成为糖尿病。患者胰岛素分泌缺乏，必须依赖胰岛素治疗维持生命。1 型糖尿病占糖尿病患者总数的 5%～10%。2 型糖尿病多为植物神经类型，表现为副交感神经张力增加，交感神经张力减弱导致低血糖倾向及多吃、肥胖。多见于 30 岁以后中老年人，患者随着年龄增长，出现胰岛β细胞数目减少，胰岛素分泌缺陷或终末器官对胰岛素产生抗性，导致糖尿病。2 型糖尿病占糖尿病患者总数的 90%～95%。2 型糖尿病在儿童中发病也屡见不鲜，年龄最小的只有 9 岁。妊娠糖尿病是指妊娠期首次发生或发现的糖尿病，其中一部分患者在妊娠前已经患有糖尿病，但在孕期首次被诊断。特殊类型糖尿病包括线粒体突变型糖尿病，感染、药物或化学试剂导致的糖尿病等。妊娠糖尿病和特殊类型糖尿病患者在糖尿病患者总数中占 1%。

2010 年中国慢性病检测数据显示，我国糖尿病发病率为 11.6%，其中城市居民发病率高达 14.3%。国际糖尿病联盟（international diabetes federation，IDF）2013 年公布的统计数字显示，全世界有糖尿病患者 3.82 亿，另外还有 3.16 亿糖耐量受损的人群，如果不加以干涉，这些人将会很快发展成为糖尿病患者。中国有超过 1 亿的人口患有糖尿病，约占全世界糖尿病患者总数的 1/3，这个数字远远超过世界上的其他国家（图 6.11）。据估计，到 2035 年，全世界糖尿病患者将达到 4.71 亿。糖尿病已经成为全球最严重的慢性病，将会带来巨大的经济负担。

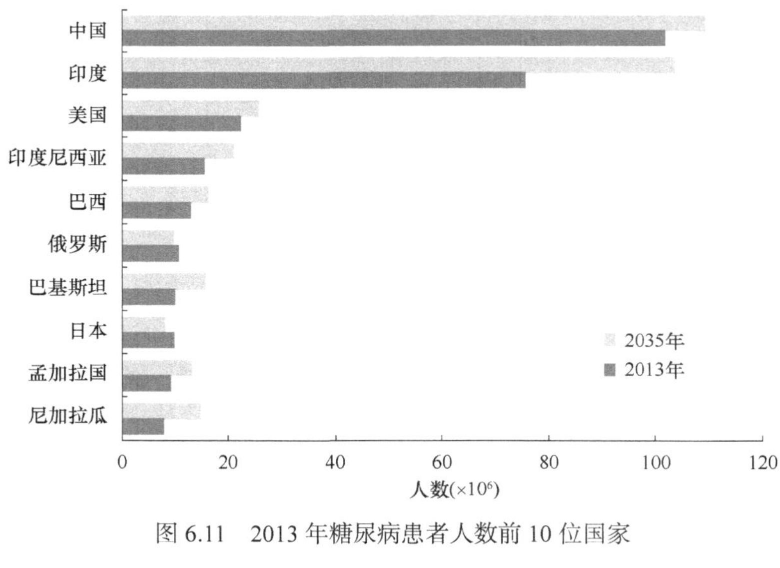

图 6.11 2013 年糖尿病患者人数前 10 位国家

三、高血压

高血压是常见的慢性心脑血管病，有着极高的发病率和致死率。全球高血压患者估计有 10 亿，我国高血压患者高达 3 亿，美国约 1/3 的成年人患有高血压。我国高血压患病率增长趋势迅猛，20 世纪 80 年代高血压患病率为 9.8%，90 年代为 18.5%，21 世纪前 10 年为 30.0%，而且发病年龄逐渐年轻化，青年成为高血压新增病例中的主要人群，导致了劳动力削弱、过早死亡率升高等不良后果。

高血压是一种遗传因素和环境因素相互作用所致的疾病，具有明显的家族聚集性，约 60%的高血压患者有高血压家族史，有高血压家族史的人群罹患高血压的风险是无高血压家族史人群的 1.9 倍。既往研究表明，与高血压相关的危险因素有很多，包括吸烟、过量饮酒、遗传、性别、年龄、种族、肥胖、高同型半胱氨酸血症、食盐摄入过多、气象因素和缺乏体力活动等。

世界范围内，高血压是引发心脏病和脑卒中等疾病的主要原因（图 6.12）。全世界每年约有 1700 万人死于心脑血管疾病，其中高血压并发症引起的死亡人数高达 940 万人，在心脏病和脑卒中导致的死亡中分别有 45%和 51%是由高血压引起。因此，高血压是全球人群心脑血管疾病的首要危险因素，是影响人类健康的重要公共卫生问题，应该引起足够的重视。

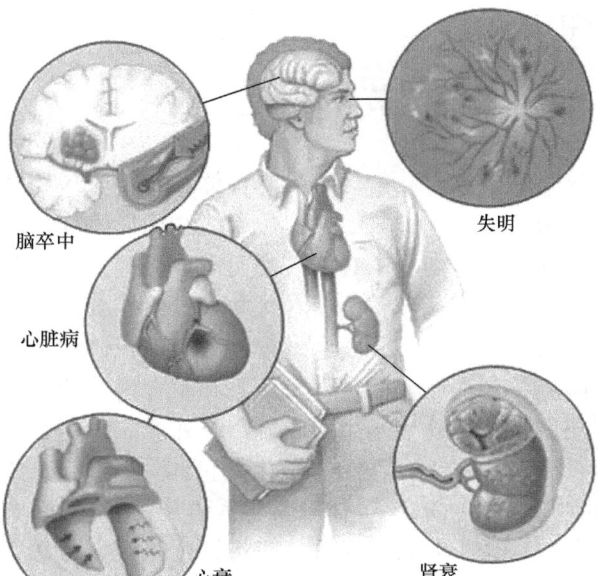

图 6.12　高血压的主要危害

四、唇裂和腭裂

唇裂和腭裂是口腔颌部常见的先天畸形。这两种畸形可单独存在，也可合并发生（图 6.13）。单纯唇裂或唇裂合并腭裂的情况多发生于男性（男女比例为 1.6 : 1），其发病率还表现出种族差异（黄种人为 1.7‰，白种人为 1.0‰，黑种人为 0.4‰）。

而单纯腭裂的情况少见，其发病率约为 0.45‰，女性发病率稍高于男性（男女比例为 0.7 : 1），无明显的种族差异。

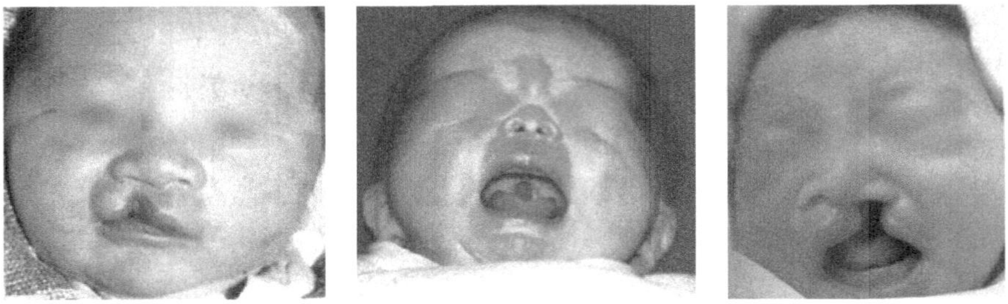

图 6.13　唇裂（左）、腭裂（中）和唇裂合并腭裂（右）

唇腭裂严重影响面部美观，还因口、鼻腔相通，经常招致上呼吸道感染，并发中耳炎，还会导致吮吸、进食及语言等生理功能方面的障碍。这种先天性畸形主要是在怀孕第 4 周到第 10 周胎儿面部发育障碍所致，致病因素包括遗传，怀孕初期的母亲感染流感、风疹等病毒，怀孕期间服用某些药物，怀孕期间母体接受过大剂量 X 线照射等。

第四节　染 色 体 病

每种真核生物细胞中都有一定数量的染色体，每条染色体都有相对稳定的形态结构。染色体作为基因的载体，如果其数量或结构发生变化，就会改变细胞中基因的组成，从而导致遗传变异。对于人类而言，无论是染色体数目或结构异常都会导致人类疾病，这类疾病特称为染色体病（chromosomal disease）或染色体综合征（chromosomal syndrome）。已经发现的人类染色体数目异常与结构畸变有 400 多种，其中有 170 多种综合征。智力低下和发育迟缓几乎是所有染色体综合征患者的共同特征，染色体畸变还会造成流产或死产。

据调查统计，人类妊娠有 5%～15%发生染色体异常，流产胚胎的 50%以上是染色体异常，新生儿中 0.8%有染色体异常，人群中染色体异常个体占 0.5%。根据受累染色体的类型和临床上的表现，一般将染色体病分为常染色体病和性染色体病两大类。

一、常染色体病

人类细胞中有 46 条（即 23 对）染色体，其中 22 对染色体在男性和女性是相同的，称为常染色体，按照从大到小的顺序编成 1～22 号。另外 2 条染色体在男性和女性有差异，称为性染色体。男性的 2 条性染色体是 X 和 Y，女性是 2 条 X 染色体。常染色体病是指由人类的 1～22 号染色体结构或数目异常所引起的疾病。

常染色体的某对染色体增加 1 条，称为三体；减少 1 条，则称为单体。常染色体数目异常遗传病常见的有三体综合征、单体综合征、部分三体综合征、部分单体综合征和嵌合体 5 类，各自都有典型的临床特征，但都生长发育迟缓、智力发育不良并伴有多发畸形等。

（一）三体综合征

理论上讲，每对染色体都可能会出现多 1 条的情况，从而产生各种不同类型的三体综合征，在临床上最常见的三体综合征为 13 三体综合征、18 三体综合征、21 三体综合征。21 三体综合征是英国医生 Down 在 1866 年首次报道的，所以又称为唐氏综合征。1959 年，法国细胞遗传学家 Lejeune 发现，该病患者的细胞中多一条 21 号染色体，故称为 21 三体综合征。这是人类最先确认的也是常见的一种遗传病。21 三体综合征是发病率最高的染色体病，在新生儿中的发病率为 1/800～1/600。男性患儿多于女性。由于该病常伴有心脏畸形和免疫机能低下，患儿在幼儿期有较高的死亡率，50%的患儿在 5 岁以前死亡，平均寿命仅有 16.2 岁，故在人群中调查所获得的患病率并不太高。

21 三体综合征的主要临床特征有：生长发育迟缓，智力低下，故常称为先天愚型。患儿呈典型痴呆面容，眼间距宽、眼裂小，常有斜视，鼻根低平；张嘴，舌大外伸，常流涎（图 6.14），故该病又称为伸舌样痴呆。男性患者常伴有隐睾，虽能产生精子但数量少，故一般不育；女性患者常无月经，少数能生育但将此病遗传给后代的风险较高。

图 6.14　21 三体综合征患者

流行病学调查表明，21 三体综合征的发病率与母亲的生育年龄有密切关系，不同年龄段的妇女生育 21 三体综合征的风险分别为：15～19 岁，1∶1850；20～24 岁，1∶1600；25～29 岁，1∶1350；30～34 岁，1∶800；35～39 岁，1∶250；40～44 岁，1∶100；＞45 岁，1∶30。由此可见，高龄孕妇特别是 40 岁以上孕妇生育患儿的风险较高。

（二）单体综合征

缺少 1 条 21 号染色体的 21 单体综合征是一种罕见的严重致残的染色体病，由 Ohama 等于 1974 年首次报道，绝大多数患儿 20 个月前死亡，国内有活到 4 岁的报道，国外早年有报道活至 11 岁的患者。

患儿常见特征：小头，高鼻梁，鱼形嘴，颈短，头不能竖直。扶着站立，脚尖着地。隐睾但睾丸组织正常。

（三）部分三体综合征

部分三体综合征是增加了某条染色体的一部分所致的染色体病。例如，7p 部分三体综合征是由 7 号染色体短臂部分重复导致的一类病症，常见症状包括前囟门宽、颅缝早闭、耳发育不良和低位耳、眼距宽、腭裂、心脏畸形、低智、语言能力落后等。

（四）部分单体综合征

部分单体综合征是由缺失某条染色体的一部分所引起的。猫叫综合征（cat cry syndrome）是最常见的染色体缺失综合征，患儿的 5 号染色体短臂部分缺失，即 5p−（图 6.15），由 Lejeune 及其同事于 1963 年首次报道。

最主要的临床症状是患儿在 2 岁内特有的猫叫样啼哭声，随着年龄的增长，猫叫样啼哭声会逐渐消失。引起猫叫样啼哭声的原因众说不一，可能是中枢神经系统形成病变所引起的。患儿出生时体重较轻，生长发育障碍；智力低下，头小且呈满月形脸（图 6.16），鼻梁宽而扁平，牙错位，耳下位。患儿一般到两岁才能坐稳，4 岁才能独立行走，多有语言障碍。该病的群体发病率为 1/50 000，受累个体女性多于男性。

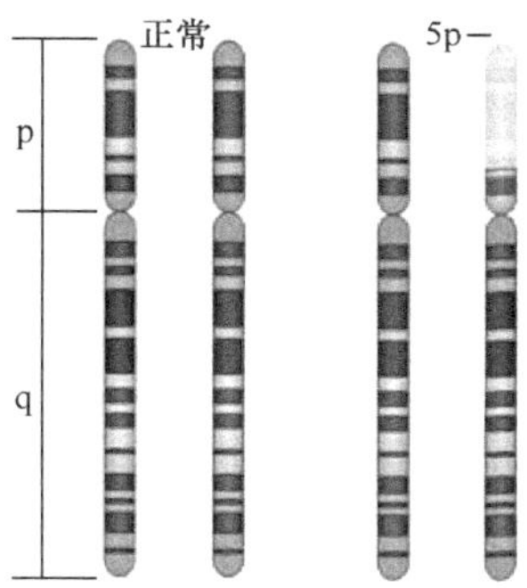

图 6.15　猫叫综合征患者 5 号染色体短臂部分缺失

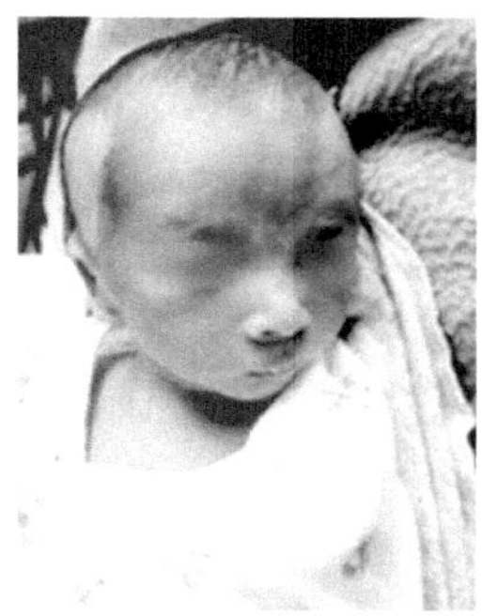
图 6.16　猫叫综合征患者

（五）嵌合体

正常人都是由一个受精卵细胞分裂、分化形成的，因此全身各组织细胞只有一种类型，男性都是 46,XY，女性都是 46,XX。但是有些个体中却有两种不同类型的细胞，这类个体称为嵌合体。常见的嵌合体类型有：①46,XY/46,XX；②46,XX/47,XXY；③46,XY/45,X 等。这些患者体内同时具有睾丸和卵巢两种性腺，内外生殖器官也具有两性的特征而表现出两性畸形。人类嵌合体的形成原因不太明确，可能是两个胚胎合并或受精卵细胞分裂过程中，一部分细胞发生染色体丢失所致。

二、性染色体病

性染色体病（sex chromosome disease）也称性染色体异常综合征。这类疾病共同的临床特征是性发育不全或两性畸形，以及智力低下等，但有些患者仅表现为原发闭经、生殖力下降或智力较差等。

（一）Klinefelter 综合征

Klinefelter 综合征也称为先天性睾丸发育不全综合征或克兰费尔特综合征，由克兰费尔特在 1943 年首次描述，1959 年雅各布等发现该病患者比正常男性多出一条 X 染色体。

该病群体发病率约为 1/1000，患者为男性表型，青春期开始后出现临床症状并逐渐加重，其主要特征为身材高大，通常在 180cm 以上，四肢较长（图 6.17）；睾丸小，无精子产生；患者不长胡须，无喉结；皮下脂肪堆积，皮肤细嫩。

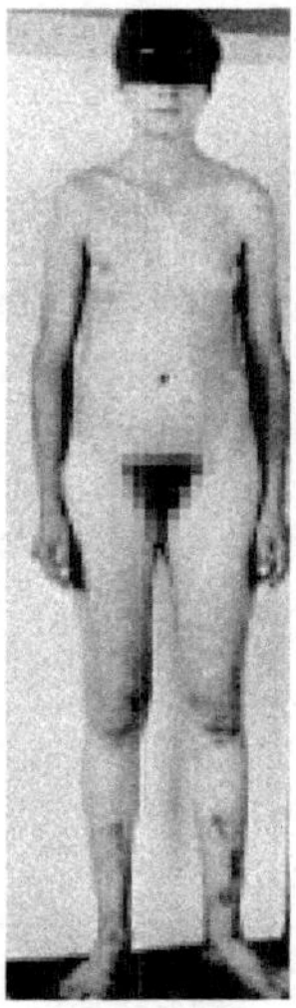

图 6.17　Klinefelter 综合征患者

（二）Turner 综合征

Turner 综合征又称先天性卵巢发育不全综合征，由 Turner 在 1936 年首先描述。该综合征的发病率在女性新生儿中约占 1/2500，在成年女子中约占 1/3500，在原发闭经患者中约占 1/3。Ford 等在 1959 年发现这种患者少一条 X 染色体。

本病的主要临床特征有：性腺发育不全，原发闭经，子宫发育不良，乳腺发育差，乳头间距宽，外生殖器幼稚型。患者身材矮小，多在 120～140cm。后发际低，颈短且颈部皮肤呈蹼状，肘外翻（图 6.18），智力一般正常或稍差。

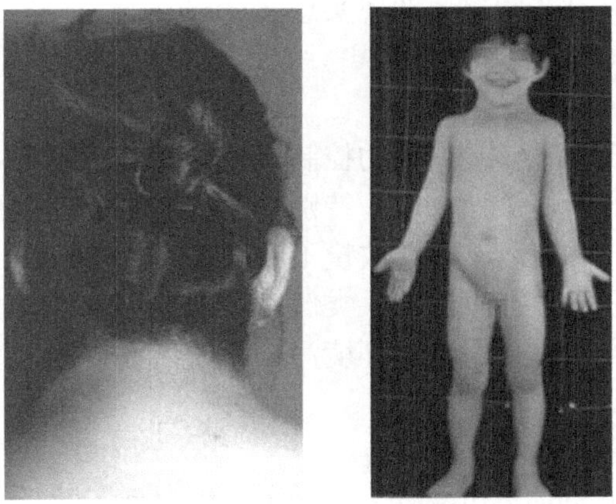

图 6.18　Turner 综合征患者后发际低（左）、肘外翻（右）

（三）XYY 综合征

XYY 综合征又称为超雄，由 Sandberg 在 1961 年首先描述。在男婴中的发生率为 1/900，在一般男性群体的发生率为 1/1500。患者表型为男性且基本正常，身高常在 180cm 以上，而且随着身高的增加发病率有上升的趋势。据统计报道，身高在 181～189cm 的男性中，发病率为 1/200；身高在 190～199cm 的男性中，发病率为 1/30；而身高在 200cm 以上的个体，发病率可达 1/10 以上。

大多数 XYY 综合征患者有生育能力，智力正常或轻度低下，多数性格和行为异常。患者易兴奋，性情较为暴躁，自控能力差，易发生攻击性的行为。

第五节 遗传病的主要防治措施

遗传病是遗传物质的变异或损伤导致的疾病，物理因素、化学因素和生物因素等多种原因都会引起遗传物质的变异或损伤，所以减少或消除环境中相关不良因素是预防遗传病的一项重要措施，了解本人或家族中的遗传风险对防范遗传病在家族中的延续非常重要。虽然我们目前还不能彻底治愈遗传病，但是现代遗传学和现代医学的发展，使遗传病的治疗方法和技术有了突破性的进展，已从传统的手术治疗、饮食疗法、药物疗法等跨入基因治疗的新阶段。

一、遗传病的预防

虽然人类遗传学的研究取得了很大进展，但是人类的基因数量、基因的位置、基因的表达与调控等人类遗传的基本问题仍然没有完全弄清楚，加上医疗技术发展水平的限制，人们还很难彻底治愈遗传病，所以遗传病的预防是提高人群遗传素质的重要手段，具有非常重要的现实意义。

（一）环境保护

生物性状的表现，不仅受遗传的控制，也受环境的影响。环境中存在各种人工合成和天然存在的遗传毒性物质，特别是随着工业化程度的不断扩大，环境中“三废”（废水、废气和废渣）的排放量不断增加，使各种有害的遗传变异、肿瘤和畸形发生率不断升高，严重影响人类健康和人类的遗传质量。所以保护环境，减少有害物质的生产和排放，治理环境污染已经刻不容缓。

（二）遗传病携带者的检出

遗传病携带者（genetic disease carrier）是指表型正常，但带有致病遗传物质的个体。这类个体传播遗传病的风险非常高，由于遗传缺陷在其自身没有表现，往往认为自己是正常的，所以不会采取任何预防措施。

遗传病携带者一般包括以下 4 种类型：①携带隐性遗传病基因的杂合体；②携带显性遗传病基因的未显者；③表型尚正常的迟发外显者；④染色体平衡易位的个体。

1. 隐性遗传病基因携带者的检出

这类携带者的检出对遗传病的预防具有积极的意义。因为许多隐性遗传病虽然发病率并不高，但人群中杂合子（携带者）的频率相当高。例如，假设某种遗传病的发病率为 1/10 000，即隐性基因（q）的频率为 0.01，显性基因（p）的频率为 0.99，按照哈迪-温伯格平衡定律，杂合体（$2pq$）的频率则为 $2\times0.99\times0.01\approx0.02$，也就是说人群中该病的携带者频率约为 2%。检出这些携带者对于指导他们的婚姻和生育，防止遗传病患儿的出生具有重要意义。

隐性遗传病基因的携带者可以从酶、蛋白质及分子水平进行检测。酶或蛋白质的检查基础是基因剂量效应的理论，即杂合子的基因表达水平应该是介于两类纯合子（AA 与 aa）之间，因此杂合子个体中相关酶或蛋白质的含量应为正常人的一半。例如，苯丙酮尿症是隐性基因遗传病，纯合体在人群中的比例为 1 : 10 000，携带者为 1 : 50，是纯合体频率的 200 倍。携带者可通过苯丙氨酸耐量试验检出，给受试者口服苯丙氨酸（0.1g/kg），服后 4h 测定血浆中苯丙氨酸的含量。因为携带者对苯丙氨酸不能进行羟化作用，故血浆中苯丙氨酸的含量比正常人高，但较患者略低。但是，基因的表达受多种体内外因素的调控，加上检测技术的原因，许多遗传病携带者目前还不能用这种方法检出。

基因诊断对单基因病携带者的检出具有独特的优势，它直接检测等位基因类型，或检测与致病基因紧密连锁的具有多态性的遗传标记，从而能够准确判断携带者。所以基因诊断特别适用于一些基因的性质和基因产物还不清楚的遗传病，该方法是检测携带者技术的发展方向。

随着人类基因组学研究的不断深入，越来越多的遗传病基因将被确认、测序和定位，显性遗传病基因的未显者和表型尚正常的迟发外显者都将能直接通过基因测定和分析而检出。

2. 染色体平衡易位的检出

染色体平衡易位或倒位的正常个体，生出染色体不平衡患儿的可能性较大，检出这些个体同样具有重要意义。染色体异常可以在细胞水平检测，主要包括染色体检查、细胞培养和组织化学测定等。

（三）遗传咨询

遗传咨询（genetic counseling）或称遗传商谈，是医生应用遗传学和临床医学的基本原理和技术，通过询问、检查、收集家族史来解答遗传病患者或其亲属提出的有关该病病因、遗传方式、诊断、治疗及预后等问题，在考虑对个人、家庭和社会产生的利弊上，给予婚姻、生育、防治、预后、教育等方面的医学指导，尽可能降低患儿的出生率并估计再发危险率。根据不同的内容和目的，遗传咨询主要包括下列类型。

1. 婚前咨询

如果本人或对方有某种遗传病，或者本人或对方家属中有某种遗传病，需要进行婚前咨询，主要内容包括能否结婚，后代患遗传病的风险有多大等。

2. 产前咨询

如果遇到下列某一种情况，为降低后代的遗传风险，需要进行产前咨询。①夫妇中的一方或家属有遗传病或先天畸形，生育遗传病患儿的机会有多大？②已生育过患儿的夫妇再次妊娠是否会生育同样的患儿？③孕期接触过射线或某些化学物质，会不会影响胎儿健康发育？等等。

3. 一般遗传咨询

在日常生活中，凡是遇到疑似遗传病或与遗传病相关的问题都可以进行遗传咨询，常见情况如下。①有遗传病的家族史，这种病是否会累及本人或子女？②有某种畸形，是不是遗传病？会不会传给后代？③习惯性流产、夫妻多年不孕，是不是遗传因素所致？④已确诊的遗传病能不能治疗？如何治疗？⑤接触过射线或有害的化学物质会不会影响后代？等等。

（四）婚姻指导及选择性流产

1. 婚姻指导

临床表现正常但带有相同隐性遗传病基因的个体之间结婚并生育是遗传病患儿的最主要来源，因此必须劝阻两个杂合体（带有隐性遗传病基因的个体）结婚。没有亲缘关系的个体之间带有相同遗传病基因的可能性很小，但是近亲之间携带相同遗传病基因的风险会大大增加，因此要尽量避免近亲结婚。当然，相同的隐性遗传病患者之间是不能结婚的，因为他们的后代一定是同样的遗传病患者。例如，两个白化病患者的后代一定患白化病。其他情况下的遗传风险可以通过婚前咨询进行评估，从而对个体的婚姻及生育进行科学的指导与建议。

2. 选择性流产

如果怀孕后发现异常情况，可以通过选择性流产等措施最大限度地避免遗传病患儿的出生。例如，已婚的遗传病“危险者”（包括一些遗传病携带者和已明确严重接触诱变剂者）最好动员其绝育；如果已怀孕则应进行产前诊断，确定胎儿的性别和疾病情况，进行选择性流产，因为有些遗传病在不同性别中的发病率有很大差异。例如，如果孕妇是血友病携带者，可以确定女胎表型正常，但男胎是患儿的概率为50%，所以在无条件确定胎儿是不是患儿的情况下，最好让男胎流产。

二、遗传病的诊断

遗传病的诊断是有效预防和治疗遗传病的前提。遗传病的诊断既有普遍性诊断原则，又有遗传学的特殊诊断手段。普遍性诊断原则采取与一般性疾病相同的诊断方法，通过病史、症状、体征、实验室检查和其他诊断技术获得资料，归纳分析后确立诊断。但是，遗传病在临床表现上与非遗传性疾病没有明显区别，不同的遗传病之间往往也有许多相似的症状和体征，所以要确诊一种疾病是否为遗传病，除采取一般诊断方法外，还需要辅以遗传学的特殊诊断手段，如系谱分析、皮纹分析、染色体检查、生化检查、基因分析、产前诊断等。

（一）系谱分析

系谱分析是从先证者（某个家族中第一个被发现的罹患某种遗传病的患者）入手，追溯调查患者家族所有成员（直系亲属和旁系亲属）的数目、亲属关系及某种遗传病的分布等资料，按照国际上通用的格式和符号（图 6.19），绘制成系谱图（图 6.20）。系谱图中必须给出的信息包括：性别、性状表现、亲子关系、世代数以及每一个个体在世代中的位置，以确定这种遗传病在某个家族中的分布状况，判断该病在这个家族中是否有遗传病因素的作用及其可能的遗传方式。

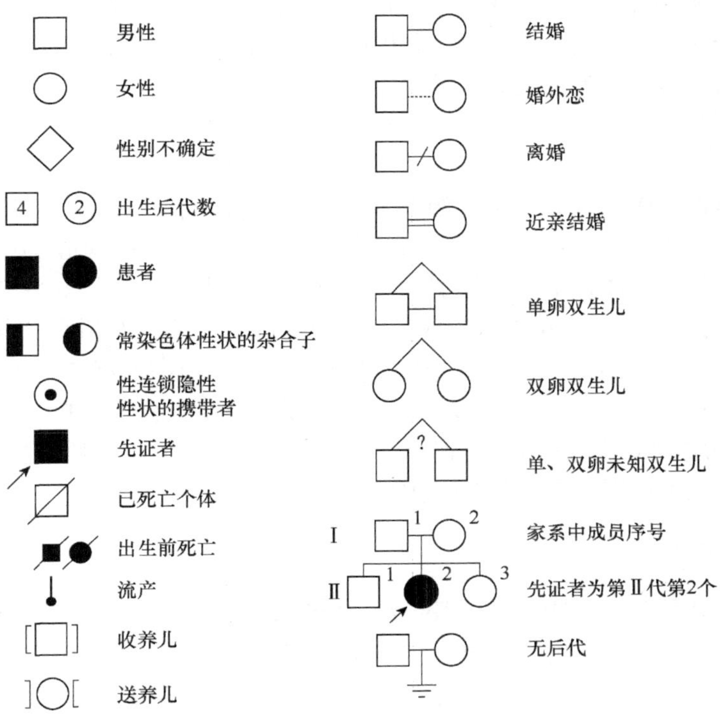

图 6.19　系谱图中的通用符号

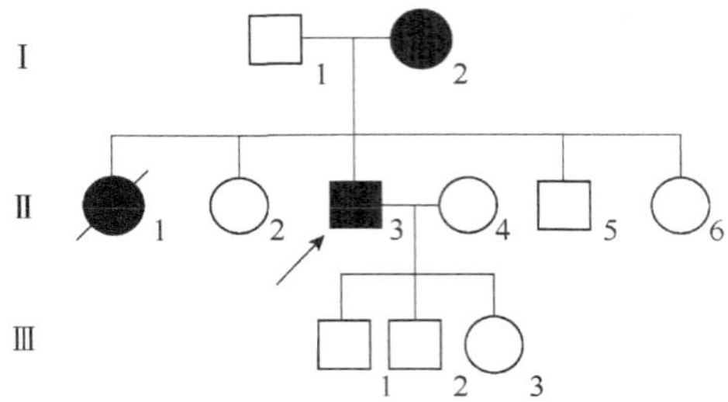

图 6.20　某结肠息肉家族的系谱图

（二）皮纹分析

人体的皮肤由表皮和真皮构成。皮肤的真皮向表皮突出，形成平行的嵴，嵴与嵴之间形成凹陷的沟，嵴与沟在皮肤表面形成纹理，即皮纹。皮纹是在人胚发育的第 12～13 周形成的，到第 19 周完成，之后就终身不变，主要分布在手指、掌面、足底和足趾。

同卵双生儿的指纹和掌纹在整体结构上有相似的特征，说明皮纹的形成与遗传有关。但是，同卵双生儿的皮纹图形又不完全相同，在纹理的排列上总有一定的差别，说明环境因素对皮肤纹理也有一定的作用，皮纹是在遗传因素和环境因素的相互作用下形成的，因此皮纹分析可作为一种辅助手段进行遗传病诊断。染色体病患者和肿瘤患者往往有明显的皮纹异常。

（三）染色体检查

染色体检查或称核型分析是确诊染色体病的主要方法，通过对细胞的染色体分析，可以检测染色体（包括常染色体和性染色体）数目、结构等是否出现异常。如果存在下述任何一种情况，一般可以考虑进行染色体检查：①怀疑患有先天愚型、Klinefelter 综合征、Turner 综合征或其他染色体病的患者；②原因不明的智力发育不全患者；③男性不育、女性原发性闭经或不育；④习惯性流产妇女及其丈夫；⑤有生殖器官畸形者；⑥各种先天畸形患者；⑦血液系统肿瘤及追踪疗效；⑧接触各种致畸物质（如射线）后的危害程度评估；⑨35 岁以上的高龄孕妇；⑩已有染色体异常或先天畸形个体的家族其他成员。

（四）生化检查

生化检查就是用生物化学手段定性、定量地分析蛋白质、酶及其代谢产物，是临床上诊断单基因病的首选方法。例如，白化病患者毛囊中酪氨酸酶活性降低，据此可以做出诊断；苯丙酮尿症患者的苯丙氨酸降解代谢受阻，因此血清中的苯丙氨酸浓度升高，尿液中含有苯丙酮酸，可以作为该病的诊断依据。

（五）基因分析

基因分析是指以 DNA 或者 RNA 为诊断材料，应用分子生物学技术，直接从 DNA 水平来检测人类遗传性疾病中的基因缺陷，从而做出诊断。1976 年，美籍华裔科学家简悦威首次发现镰状细胞贫血是基因缺失所致，并独创性地发明了 DNA 检测技术，被誉为“基因诊断之父”。1982 年，基因诊断技术开始普遍试用。随着检测人类基因探针的分离和克隆化，以及基因 DNA 序列的阐明，将有更多的单基因病能进行基因诊断。

（六）产前诊断

产前诊断（prenatal diagnosis）又称为宫内诊断（intrauterine diagnosis）或出生前诊断（antenatal diagnosis），是对胚胎或胎儿在出生前是否患有某种遗传病或先天畸形进行诊断。产前诊断是防止有严重遗传病、智力障碍以及先天畸形患儿出生的有效手段，具有重要的现实意义。我国每年有 20 万～30 万肉眼可见的先天畸形患儿出生，加上出生后数月至数年才显现出来的缺陷，先天残疾儿童总数高达 80 万～120 万，占每年出生人口总数的 4%～6%。我国每年因神经管畸形造成的直接经济损失超过 2 亿元，先天愚型的治疗费超过 20 亿元，先天性心脏病的治疗费高达 120 亿元。因此，出生缺陷已不仅仅是一个严重的公共卫生问题，而且已成为影响我国经济发展和人们正常生活的社会问题。因此，对遗传风险高的个体进行产前诊断，是预防遗传病的一道重要防线。

三、遗传病的治疗

遗传病种类繁多，发病机制复杂。虽然目前还不能彻底治愈遗传病，但是可以根据不同的遗传病类型采取不同的治疗方案，使症状得到有效的控制。例如，先天性代谢病采用“禁其所忌、去其所余、补其所缺”等疗法，多基因病用药物、外科手术治疗，个别性染色体异常病如克兰费尔特综合征早期使用睾酮治疗等。近年来，基因治疗已取得了一些突破性进展，为根治遗传病带来了光明的前景。遗传病的治疗主要采用环境工程疗法和遗传工程疗法。

（一）环境工程疗法

通过采取某种措施，改进或改变致病的环境条件，医治遗传性疾病。主要治疗措施如下。

1. 饮食控制治疗

许多先天性代谢缺陷的患者，可以通过饮食控制或其他措施调节代谢平衡，使疾病得到治疗。例如，苯丙酮尿症患者在出生后几周内，将其摄入食物中的苯丙氨酸量减少到正常人的 1/3，就可使血浆的苯丙氨酸水平近似正常值，使新陈代谢平衡，维持正常的生长与发育。

2. 药物治疗

药物治疗主要是根据遗传病的类型，补充缺少的物质，或排出体内过多的物质。例如，有的孩子生下来甲状腺功能就很差，使用甲状腺激素治疗可以防止孩子智力迟钝，这种治疗是终生的；肾上腺不能制造可的松的遗传病可以造成幼儿早期死亡，服用可的松能有效治疗；肝豆状核变性[威尔逊氏症（Wilson disease）]是不能合成正常数量的一种含铜蛋白质的结果，从食物中吸收的铜原子就蓄积在脑、肝和其他组织内，从而产生病变，治疗方法就是在限制摄入铜的同时，服用二硫基丙醇、二硫基丙磺酸钠及青霉素胺，促使肝及脑内蓄积的过多的铜排出体外。

3. 手术治疗

导致形体异常或畸形的遗传病，可以进行外科手术治疗。例如，组织的过度增长，可以进行手术切除以防止恶性病变；有一种缺少一只或两只耳的遗传病是由父亲或母亲遗传给半数子女的，可以通过整形手术"重造"缺少的耳；睾丸女性化患者可以切除隐睾；家族性多发性结肠息肉症患者可切除结肠息肉等。

（二）遗传工程疗法

遗传工程疗法或称基因疗法，目前仍处于探索阶段，总体有4套治疗方案。

1. 基因修正

其是原位修复有缺陷的基因。将致病基因的突变序列纠正，正常的部分予以保留，使致病基因得到完全恢复。但是操作上要求高，实践中有一定难度。

2. 基因替换

其是用功能正常的外源目的基因去取代突变基因，使致病基因得到永久地更正。这种治疗方法最为理想，但目前由于技术原因尚难达到。

3. 基因抑制和（或）基因失活

利用反义技术特异性地封闭致病基因，或者导入外源基因去干扰、抑制有害基因的表达。例如，1991年初，将肿瘤坏死因子（tumor necrosis factor，TNF）的基因导入黑色素瘤患者细胞，使其合成肿瘤坏死因子，杀伤癌细胞，从而达到基因治疗的目的。这一方案获准对5例晚期黑色素瘤患者进行治疗，结果1人肿块完全消失，2人90%以上的肿块完全消退，另外2人在接受治疗后分别存活了274天和327天。从2012年开始，科学家已经能够使用规律成簇的间隔短回文重复-CRISPR相关蛋白9（CRISPR-Cas9）系统来消除人类细胞基因组中的乙型肝炎和艾滋病病毒基因。2017年10月14日，*Scientific American* 报道，俄勒冈卫生科学大学的研究人员已经成功使用CRISPR-Cas9基因编辑系统，在人类胚胎中纠正肥厚型心肌病有关的基因突变（图6.21）。这一进展将遗传工程的实践操作，从人类细胞进步到人类胚胎，是人类基因工程至关重要的一大步。

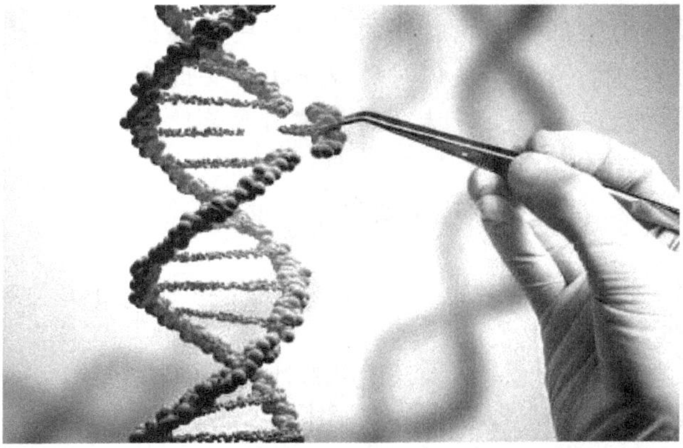

图 6.21　胚胎基因“裁剪”模式图

4. 基因增补

将目的基因导入病变细胞或其他细胞，目的基因的表达产物可以补偿缺陷细胞的功能或使原有的某些功能得以加强。在这种治疗方法中，缺陷基因仍然存在于细胞内，目前的基因治疗多采用这种方式。例如，腺苷脱氨酶（adenosine deaminase，ADA）缺乏症是一种常染色体隐性遗传病，患者 T 淋巴细胞受损，引起反复感染等症状。1990 年和 1991 年，通过导入 *ADA* 基因对两例 ADA 缺乏症女孩进行临床基因治疗。在治疗前患者外周血中 T 淋巴细胞的 ADA 活性不到正常水平的 1%，而经过基因治疗后达到了正常水平的 25%，机体的免疫机能明显改善而且没有发现明显的不良反应。

思　考　题

1. 遗传病有哪些主要特点？
2. 遗传病有哪些主要类型？
3. 试述唐氏综合征的一般特征。
4. 单基因遗传的主要遗传方式有哪些？
5. 如何区别遗传病、先天性疾病和家族性疾病？
6. 目前对遗传病的治疗措施主要有哪些？
7. 遗传病的诊断除采用常规的诊断方法之外，还应该采用哪些措施？
8. 基因治疗目前面临哪些主要困难？
9. 基因治疗分为哪些类型？请对各种基因治疗方案进行简要评述。
10. 简述精神分裂症的遗传特点。
11. 为什么近亲婚配中，子代常染色体隐性遗传病的发病风险明显增加？
12. 预防遗传病的措施主要有哪些？

13. 目前还不能彻底治愈遗传病的原因主要有哪些？

14. 试从遗传学的角度谈谈你对环境保护重要性的认识。

15. 确定某种疾病是不是遗传病的关键因素是什么？

主要参考文献

陈兰，袁萍，孙军. 2018. 基因多态性与原发性高血压的相关性. 中国生物化学与分子生物学报，34（3）：255-261

程罗根. 2015. 人类遗传学导论. 北京：科学出版社

程罗根. 2018. 遗传学. 2 版. 北京：科学出版社

戴灼华，王亚馥. 2008. 遗传学. 2 版. 北京：高等教育出版社

郭晓惠，冯磊光. 2014. 精神分裂症的表观遗传学研究进展. 疑难病杂志，13（12）：1317-1319

郭奕斌，梁宇静，郭东炜. 2016. 单基因遗传病基因诊断技术研究进展. 分子诊断与治疗杂志，8（1）：46-53

贺竹梅. 2011. 现代遗传学教程. 2 版. 北京：高等教育出版社

黄荣超. 2018. 我国高血压危险因素研究进展. 右江医学，46（1）：112-114

季明，杨钧，杜新. 2018. 青年高血压病诊治进展. 临床与病理杂志，38（2）：418-423

李立青，宋瑞华，赵春海，等. 2014. 遗传学在精神分裂症病因学研究中的作用. 医学综述，20（20）：3663-3667

刘祖洞，乔守怡，吴燕华，等. 2013. 遗传学. 3 版. 北京：高等教育出版社

米生权，赵文华. 2015. 糖尿病——中国人的健康灾难. 城市减灾，1：18-23

钱得胜，徐声汉，张琳，等. 1989. 精神分裂症遗传方式的研究. 中国神经精神疾病杂志，15（1）：32-34

石春海. 2007. 现代遗传学概论. 杭州：浙江大学出版社

孙争宇，顾丽红，李林. 2017. 精神分裂症认知障碍的研究进展. 精神医学杂志，30（5）：394-400

王天祥，王勉，阎孔亚，等. 1985. 精神分裂症 150 例家系非配对对照调查报告. 中国神经精神疾病杂志，11（5）：269-271

王学民. 2006. 精神分裂症的遗传学研究. 荆门职业技术学院学报，21（6）：53-54

许梦蓓，单纯烁，郑国庆. 2017. 精神疾病治疗进展（一）：精神分裂症. 国药导报，36（10）：1133-1137

殷国青，周晓辉. 2018. 高血压流行病学研究现状. 临床医药文献杂志，5（4）：189-192

张月萍，徐建忠，殷民，等. 2014. 7p 部分三体综合征的表型和基因型关系研究. 现代妇产科进展，23（3）：161-164

赵育海，张朝东. 2001. Huntington 舞蹈病遗传学研究进展. 国外医学遗传学分册，24（6）：315-317

郑刚. 2018. 高血压临床研究新进展. 中华老年心脑血管病杂志，20（6）：651-655

朱军. 2002. 遗传学. 北京：中国农业出版社

第七章　遗传与肿瘤

肿瘤是机体在各种致瘤因素作用下，局部组织的细胞异常增生而形成的新生物，常表现为局部肿块。肿瘤形成后或原位继续生长，或转移并进入其他组织器官，最终导致患者组织损伤和器官衰竭而死亡。肿瘤是威胁人类生命健康最重要的一类疾病，目前世界上每年约有 1/1000 的人患肿瘤，因肿瘤而死亡的人数每年达 200 万～300 万。我国每年新增肿瘤患者约为 200 万人，肿瘤致死人数约 130 万。

第一节　肿瘤的类型

肿瘤是一类疾病的总称，根据肿瘤的生物学特性及其对机体危害程度的不同，在临床上将肿瘤分为良性肿瘤、恶性肿瘤和临界肿瘤三种类型。

一、良性肿瘤

良性肿瘤是指机体内某些组织的细胞发生异常增殖，膨胀性（图 7.1）或外生性（图 7.2）生长，生长速度慢，且是间歇性生长，绝大多数不会恶变。瘤体多呈球形、结节状，周围常形成包膜，因此与正常组织分界明显，手术时容易切除干净，不转移，手术后很少有复发。

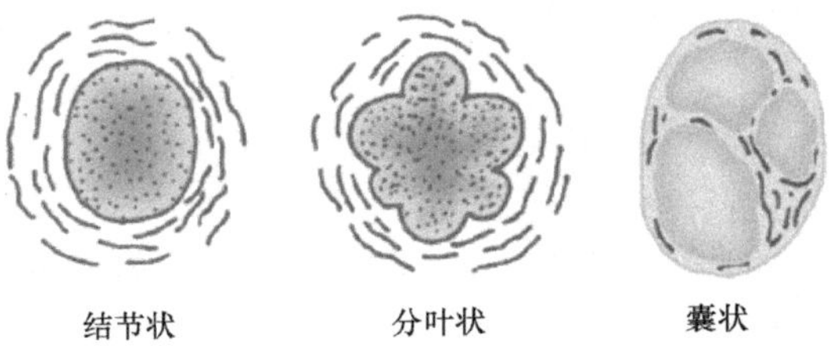

图 7.1　膨胀性生长肿瘤

类似膨胀气球，形成完整包膜，与周围组织分界清楚

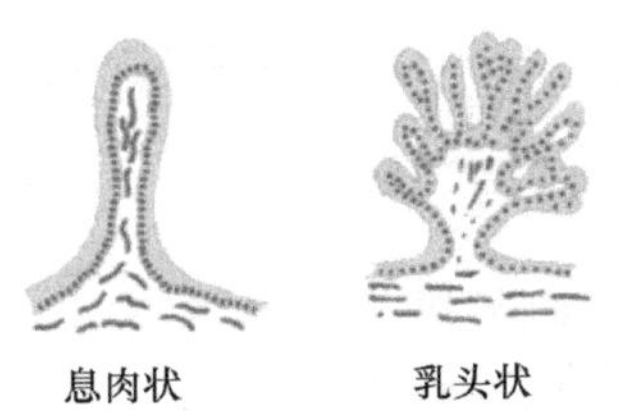

图 7.2　外生性生长肿瘤

位于体表、体腔、管道器官表面的肿瘤，常向表面生长而形成息肉状或乳头状

良性肿瘤按照“发生部位+组织来源（形态特点）+瘤”进行命名，如子宫平滑肌瘤等。

良性肿瘤对局部的器官、组织只有挤压和阻塞的作用，一般不破坏器官的结构和功能，也很少发生坏死和出血。而且生长比较缓慢，比较容易通过手术摘除。但是，有些良性肿瘤对人体的危害很大。例如，当良性肿瘤生长在身体要害部位而空间又相当有限时，如头颅内、甲状腺上及纵隔的巨大良性肿瘤等，同样可以造成致命的后果。另外，有些良性肿瘤会发生恶变，如甲状腺腺瘤、乳腺纤维瘤、子宫瘤、胃肠道的平滑肌瘤、软组织的纤维瘤、滑膜瘤、韧带纤维瘤等。这些肿瘤一旦变成恶性，其后果与恶性肿瘤相同。

二、恶性肿瘤

恶性肿瘤生长快，且呈持续生长。浸润性（图 7.3）或外生性生长，浸润性生长没有包膜，与周围组织分界不清楚；外生性生长常伴有浸润性生长（图 7.4）。恶性肿瘤常有转移，手术等治疗后容易复发。对机体影响严重，除压迫、阻塞外，还可以破坏原发处和转移处组织，引起坏死、出血、感染等，最后可引起死亡。

溃疡状　　浸润性包块状

图 7.3　肿瘤的浸润性生长

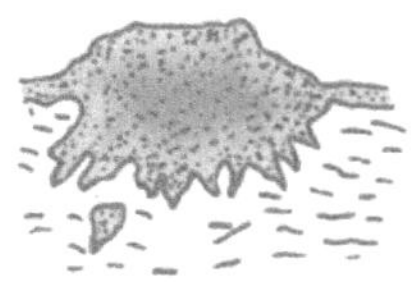

弥漫性肥厚状

图 7.4　肿瘤的外生伴浸润性生长

恶性肿瘤的命名同样要体现肿瘤的组织来源和生物学特性：①来源于上皮组织（皮肤、腺体）的恶性肿瘤称为癌，以“发生部位+组织来源+癌”命名，如皮肤鳞状细胞癌等；②来源于间叶组织（结缔组织、骨和肌肉）的恶性肿瘤称为肉瘤，以“发生部位+组织来源+肉瘤”命名，如骨肉瘤、子宫平滑肌肉瘤等。

目前已发现的 200 多种恶性肿瘤几乎涉及所有类型的细胞、组织和器官系统，其中约 85%是癌。肉瘤多发生于年轻人，恶性程度比癌更大，死亡率更高，有的发病后数月甚至数天即死亡。

三、临界肿瘤

临界肿瘤是指形态属于良性，但生长活跃似恶性，介于良性与恶性之间的少数肿瘤。切除后易复发，甚至可出现转移。常见的如包膜不完整的纤维瘤、黏膜乳头状瘤、唾液腺混合瘤等。

第二节　肿瘤的发生

大量的证据表明，肿瘤的发生与遗传和环境有着密切的关系。各种环境因素直接或间接地作用于细胞的遗传物质，导致细胞无限制地增殖而形成肿瘤。尽管人人都会接触到各种致癌因子，但并不是人人都会得肿瘤。因此，人体肿瘤的发生有一定的遗传基础。许多肿瘤都有家族集聚现象，一些肿瘤的发生具有明确的种族倾向性，这些都说明肿瘤的发生与遗传相关。

一、肿瘤与遗传的关系

（一）肿瘤发病率的种族差异

不同人种、不同民族个体的遗传基础不同，各种肿瘤的发病率也有显著差异。

1. 同一肿瘤在不同人种的发病率不同

例如，鼻咽癌在新加坡的华人、马来人和印度人中发病率的比例为13.3∶3∶0.4，中国人鼻咽癌的发病率比印度人高30倍，比日本人高60倍，世界上80%左右的鼻咽癌发生在我国，讲广东方言的居民是鼻咽癌的最高发人群，所以鼻咽癌又被称为"广东瘤"。

2. 不同人种有各自不同的高发肿瘤

例如，中国人鼻咽癌的发病率位居世界各国之首，欧美人乳腺癌的发病率较高，日本人松果体瘤的患病率比其他国家高11～12倍。

（二）肿瘤的家族集聚现象

有些肿瘤会集聚在某些家族。癌家族和家族性癌是恶性肿瘤家族聚集现象的不同表现。

1. 癌家族

一个家族中有较多成员患一种或几种解剖部位类似的癌，这样的家族就称为癌家族。癌家族中恶性肿瘤的发病率高，发病年龄较早，肿瘤的发生部位不局限于同一组织或器官，肿瘤在家族中呈常染色体显性遗传。1866年，Broca最早报道了一个典型的癌家族，在母亲、4个女儿和13个外孙女中，有9人相继死于乳腺癌，6人死于其他癌症。在另外一个典型的癌家族中，10个支系共842名后代，有95名癌症患者，其中结肠癌有48人，子宫内膜癌有18人，这两种癌症占多数；男患者为47人，女患者为48人，接近1∶1，符合常染色体显性遗传。

2. 家族性癌

一个家族中多个成员所患的恶性肿瘤称为家族性癌。家族性癌的特点是家族内的近亲发病率显著高于普通群体。据报道，美国患乳腺癌、结肠癌、子宫内膜癌、前列腺癌、肺癌的成年患者，其一级亲属患同种癌症的机会比普通群体高3倍。

另外，在对77对患白血病的双生子调查中发现，同卵双生的发病一致率非常高；在另一调查中，20对同卵双生子均患同一部位的同样肿瘤。这些都说明遗传因素在肿瘤发病中的作用。

（三）肿瘤的遗传易感性

某些遗传缺陷或疾病具有易患某些肿瘤的倾向性，称为肿瘤的遗传易感性。

例如，先天愚型患者急性白血病的发病率比正常人群高 15～18 倍；布鲁顿无丙种球蛋白血症患者易患白血病和淋巴系统肿瘤等。

（四）肿瘤发生的遗传基础

双生子调查、系谱分析、遗传流行病学和染色体分析都已证实肿瘤的发生具有明显的遗传基础，呈现单基因遗传、多基因遗传或与染色体畸变相关。

1. 单基因遗传的肿瘤

这类肿瘤是一个基因突变引起的。例如，视网膜母细胞瘤是眼球后部视网膜的恶性肿瘤。肿瘤的恶性程度很高，可随血循环转移，也能直接侵入颅内，多累及双眼，肿瘤长入玻璃体内，致瞳孔内出现黄白色光反射（“猫眼”）（图 7.5）。视网膜母细胞瘤可以分为遗传型和散发型两种类型。遗传型约占 40%，是父母患病或携带突变基因，或父母的生殖细胞突变所致，在患儿出生时全身细胞已有一次视网膜母细胞瘤基因（*Rb1*）的突变。

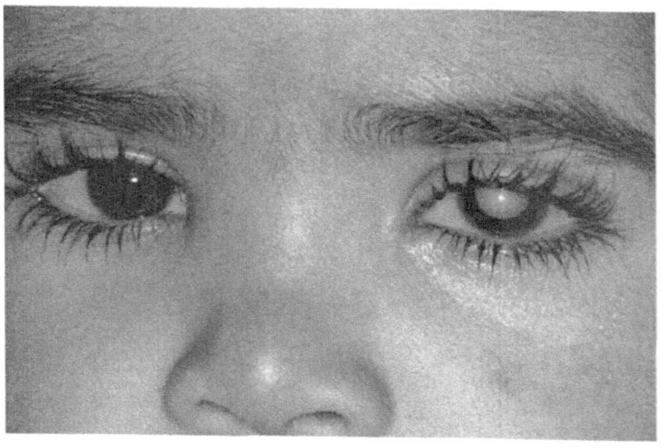

图 7.5 视网膜母细胞瘤

与 I 型神经纤维瘤发生密切相关的是一个肿瘤抑制基因，称为 *NF1* 基因，定位于 17q11.2。患者沿躯干的外周神经有多发的神经纤维瘤（图 7.6），腋窝有广泛的雀斑，皮肤上有浅棕色的“牛奶咖啡斑”（图 7.7），如果有 6 个以上直径超过 1.5cm 的“牛奶咖啡斑”即可诊断为该病。3%～15%的神经纤维瘤可恶变为纤维肉瘤、鳞癌、神经纤维肉瘤等。

目前，已知有 200 多种单基因决定的性状或疾病具有不同程度的易患肿瘤的倾向，这类疾病可称为遗传性癌前疾病。

2. 多基因遗传的肿瘤

有些肿瘤的发生与多个基因相关，是遗传因素与环境因素共同作用的结果，大多数是一些常见的恶性肿瘤，如乳腺癌、胃癌、肺癌、前列腺癌、宫颈癌等。2017 年全国肿瘤登记中心收集汇总的全国肿瘤登记处 2014 年登记资料分析结果显示，我国男性发病前 5 位的恶性肿瘤依次为肺癌、胃癌、肝癌、直肠癌与食管

图 7.6　神经纤维瘤

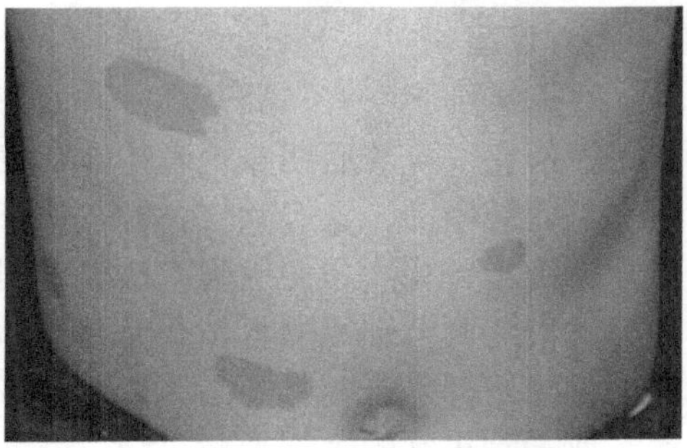

图 7.7　牛奶咖啡斑

癌，我国女性发病前 5 位的恶性肿瘤依次为乳腺癌、肺癌、结直肠癌、甲状腺癌与胃癌。按死亡例数顺位，肺癌位居全国恶性肿瘤首位，其后依次为肝癌、胃癌、食管癌和结直肠癌。

3. 染色体畸变引发的肿瘤

大量的资料显示，恶性肿瘤与染色体畸变有很密切的关系，几乎所有的肿瘤细胞都伴随着染色体畸变。人们已经把染色体畸变看作癌细胞的特征之一。

正常人体细胞为二倍体，总共有 46 条（23 对）染色体，但是多数肿瘤细胞的染色体数量会发生变化。肿瘤细胞染色体的增多或减少不是随机的，许多肿瘤中比较常见的是 8 号、9 号、12 号和 21 号染色体的增多或 7 号、22 号染色体和 Y 染色体的减少。

在肿瘤细胞内还常见到结构异常的染色体，常见的有染色体裂隙、断裂、缺失、各种易位、环状染色体、双微体、内复制、染色体粉碎化和双着丝粒染色体等。如果某一肿瘤的大多数细胞中都具有某种特定类型的畸变染色体，则这种畸变染色体称为标记染色体。如果是某一类型的肿瘤所特有的标记染色体，则称为特异性标记染色体。例如，Ph 染色体对慢性粒细胞白血病是特异性的，约有 95% 慢性粒细胞白血病患者为 Ph 阳性，因此，Ph 染色体的检出可以作为确诊慢性粒细胞白血病的主要依据。Ph 染色体可在发病前 5 年多就出现在患者的骨髓细胞中，故有早期诊断价值。还有报告指出，Ph 染色体出现率可随病情的转变而变化，病情严重时 Ph 染色体出现率高，如果病情好转，Ph 染色体出现率下降甚至消失，故 Ph 可作为衡量治疗效果的指标之一。有些染色体异常不属于某种肿瘤所特有，可以出现在不同的肿瘤细胞中，或者不同的染色体异常可见于同一肿瘤中，这些染色体只见于少数肿瘤细胞中，对整个肿瘤来说不具有代表性，称为非特异性标记染色体。常见的有：双微体（多见于神经源肿瘤和小儿肿瘤）、巨 A 染色体（发现于原细胞瘤、乳腺癌、鼻咽癌等肿瘤细胞中）、巨大近端着丝粒标记染色体（在胃癌、结肠癌、鼻咽癌、肺癌、喉癌、宫颈癌、卵巢癌、膀胱癌和黑色素瘤等多种肿瘤细胞中有发现）等。

4. 癌基因

在人体细胞中有一类基因，它们与个体发育早期的细胞生长分化等正常功能有关，但在发育的后期停止表达或者表达水平很低。如果这类基因受到某种因素的影响而被激活，它们就会异常表达，指导合成与细胞癌变有关的蛋白质，从而使正常细胞转化为恶性细胞，这类基因称为癌基因。在人体细胞中还有另一类基因，它们能调节细胞的生长和分化而抑制肿瘤的发生，这类基因称为肿瘤抑制基因或抑癌基因。这两类基因的作用正好相反。它们的异常，或增强细胞生长和增殖，或去除正常的生长抑制，结果都会导致肿瘤的发生。

二、肿瘤发生的其他因素

大量资料表明，肿瘤的发生与环境有着密切的关系。环境中能诱发肿瘤的因素主要有 3 类：①物理因素；②化学因素；③生物因素。

1. 物理因素

长期的慢性刺激、X 线、紫外线、各种辐射、机械刺激、创伤及热刺激等物理因素，都可能与癌变有关。例如，放射工作者经常接触射线，由于防护不当，易发生皮肤癌、骨肉瘤和白血病；电离辐射和紫外线可能诱发白血病和皮肤癌；日本长崎和广岛两地的原子弹爆炸受害者白血病和皮肤癌的发病率都很高；过烫饮食是导致食管癌等消化道肿瘤发生的重要原因，因为饮食过热，会损伤、刺激食管黏膜上皮，长期刺激下将诱导组织恶变，中国人的消化道肿瘤明显高于西方人，这与中国人多喜热食有关。

2. 化学因素

环境中的某些化学物质以某种方式作用于人体后，使细胞生长失去控制，形成肿瘤，这些化学物质称为致癌剂。常见的致癌物按其化学结构分成七大类。

（1）多环芳烃

这是一类由多于 2 个的苯环组成的碳氢化合物及其衍生物，由 4～5 个苯环组成的并杂有 5 碳环的烃类一般有较强的致癌作用。这类化合物多来自工业和生活的废气和烟草的烟雾。在食物烧烤、煎炸过程中脂肪等有机物也可以经过一系列复杂的化学反应生成多环芳烃。

（2）芳香胺

芳香胺常用于染料、农药的合成。例如，长期接触苯胺可诱发人的膀胱癌。

（3）烷化剂

此类化合物比较活泼，能使核酸、蛋白质烷基化，具有明显的致癌和致突变作用。例如，氮芥、硫芥、乙撑亚胺等被用作肿瘤化疗药、杀菌剂和灭霉剂等。

（4）亚硝胺

一类强致癌剂，与人类肿瘤的发生关系密切，可存在于某些食品和药品中。一些微生物可促进亚硝胺的合成，如我国食管癌高发地区，居民常食用的酸菜中，由于白地霉的作用，产生了致癌的二乙基亚硝胺。

（5）氨基偶氮染料

这类化合物含有偶氮基（—N═N—），如邻苯甲胺、奶油黄（二甲基氨基偶氮苯）等均具有实验致癌作用。

（6）天然化学致癌物

一些霉菌毒素如黄曲霉素 B_1、杂色曲霉毒素等，植物毒素如苏铁素、黄樟素等均具有致癌作用。

（7）重金属

一些重金属及其化合物如镍、六价铬、砷和镉等可诱发人和实验动物患肿瘤。

3. 生物因素

生物因素主要是各种致瘤病毒，某些细菌、真菌等。

致瘤病毒分为两类：①致瘤性 RNA 病毒。它们能将正常的哺乳类培养细胞转化为癌细胞，如 Harvey 肉瘤病毒、Maloney 肉瘤病毒、Rous 肉瘤病毒等。②致瘤性 DNA 病毒。有些 DNA 病毒，像乳头瘤病毒、多瘤病毒和猴空泡样病毒等均有致癌作用。

幽门螺杆菌（*Helicobacter pylori*，Hp）是生存于胃部及十二指肠各区域内的微需氧细菌。Marshall 等发现胃癌与幽门螺杆菌感染密切相关，这一重要发现荣膺 2005 年诺贝尔生理学或医学奖。真菌种类繁多，与人类的关系极其密切。一些真菌产生的毒素具有致癌、致畸和致突变作用。例如，黄曲霉和寄生曲霉产生的黄曲霉素，其毒性比氰化钾还强，致癌作用也很强，可在鱼类、鸟类、哺乳动物等多种动物体内诱发肝癌。

第三节　肿瘤的预防与治疗

肿瘤的发生既与遗传相关，也与环境相关，是环境因素和遗传因素相互作用的结果。但肿瘤形成过程中是遗传起主要作用还是环境因素起主要作用，取决于肿瘤类型和患者的遗传背景。因此，肿瘤的预防、治疗和控制要根据不同情况制订相应的措施。

一、肿瘤的预防

（一）发病前阶段的病因预防

1. 遗传易患肿瘤

通常意义上的遗传病，是指可在亲代和子代之间传递的生理或结构异常，从这个意义出发，只有部分肿瘤是遗传的，包括遗传性肿瘤和易发肿瘤的、按孟德尔方式遗传的综合征。在这种情况下，遗传的不是肿瘤本身，而是易发肿瘤的易患性。因此，对于这类肿瘤的预防措施主要是自我保健、产前诊断、高风险个体的监测、靶器官的预防性切除、限制高风险个体接触已知致癌剂和诱变剂等。例如，好莱坞女星安吉丽娜·朱莉由于携带*BRCA1*突变基因，有87%患乳腺癌的风险，50%患卵巢癌的风险，为了降低自己患乳腺癌的风险，果敢地切除了自己的双侧乳腺。

2. 与环境关系密切的肿瘤

大多数环境因素的致肿瘤作用都是通过影响基因或染色体起作用的。因此，应保护环境，治理污染，限制接触诱变剂与致癌剂，摄入平衡营养，少食熏烤、煎炸、腌渍的食品，多食蔬菜、水果和谷类、豆类食品，建立良好的生活习惯，不吸烟，不酗酒，注意锻炼身体等都是预防肿瘤发生的积极有效的措施。

环境污染不仅会破坏生态系统，也会给人类的生命和健康造成直接的危害。狭窄的比利时马斯河谷工业区，聚集了炼油厂、金属厂、玻璃厂等众多工厂，这些工厂的13个大烟囱每天排放着大量的烟尘,终于在1930年12月1日到5日这几天，由于遇到很强的逆温层，烟尘无法扩散，大量有害气体（二氧化硫，SO_2）积聚在近地大气层，导致一周内60多人丧生，许多牲畜死亡。由于燃煤排放的粉尘和二氧化硫，自1952年以来，伦敦发生过12次大的烟雾事件，仅1952年12月的一次烟雾，在5天内就有4000多人死亡，2个月内又有8000多人丧生。1986年4月26日，位于乌克兰基辅市郊的切尔诺贝利核电站，由于管理不善和操作失误，4号反应堆爆炸起火，大量放射性物质泄露，产生的放射污染大约是日本广岛原子弹爆炸的100倍，导致31人死亡，237人受到严重的放射性伤害，此后20年内估计还有3万人因此患上癌症。20世纪60年代以来，世界范围内不管发达国家如美国、德国、意大利及以色列，还是发展中国家如越南等都不同程度出现了“癌症村”或癌症聚集情形。我国随着工业化发展速度的加快，环境污染问题也越来越突出，每年新发肿瘤病例和因肿瘤死亡人数都在不断增加。所以治理环境污染，减少“三废”排放刻不容缓。

（二）肿瘤的早期发现与诊断

肿瘤的形成是一个复杂的过程，从正常细胞转变成为肿瘤细胞直到肿瘤的形成，往往需要经历比较长的历程，及早发现这个过程中发生的细胞和分子变化，就可以对肿瘤的发展进程进行有效的干预，从而延缓乃至控制肿瘤的发生。不幸的是，很多肿瘤患者由于发现得太晚而错过了良好的治疗时期。因此，对于遗传易患人群及暴露于已知致癌剂的人群，应当加强遗传咨询，经常性自查，组织定期检查，注意发现癌前的病理学改变和分子生物学的前兆性改变，从而做到肿瘤的早发现、早治疗。

例如，胰腺癌是一种恶性程度极高的消化道肿瘤，从正常胰腺细胞变异成为有播散能力的“肿瘤祖细胞”平均需要11.7年，再经历6.8年发展为“亚克隆肿瘤细胞”，这长达 18.5 年的演变过程对早期诊断胰腺癌既是机遇又是挑战。肺癌是我国发病率和死亡率最高的恶性肿瘤，虽然肺癌的治疗技术在不断提高，但 5 年生存率也仅从 4 %上升至 12%左右，而Ⅰ期的肺癌患者，手术后 5 年生存率则高达 60%～70%，因此早期诊断与早期手术是提高肺癌 5 年生存率、降低死亡率的一种最有效的方法。

二、肿瘤的治疗和监护

（一）治疗肿瘤的主要措施

肿瘤的发生是遗传因素与环境因素共同作用的结果，很多机理至今仍不清楚。另外，虽然肿瘤是单个突变细胞无限分裂的结果，但是肿瘤细胞发生了高度异质化，分化出了不同的细胞群，不同细胞群细胞的遗传基础及对药物的敏感性均存在着较大的差异，给药物治疗带来了很大的难度。因此，肿瘤的治疗仍以手术控制为主。随着分子生物学和生物工程技术的飞速发展及人类基因组计划的不断深入，肿瘤的基因治疗已取得了一定的进展。

1. 手术治疗

外科手术是治疗肿瘤最古老、最有效的方法之一。约在公元前 1600 年，古埃及就有手术切除肿瘤的记载。我国东汉时期的华佗首创了内脏肿瘤的手术治疗（吴晶晶，2011）。现代外科手术切除肿瘤始于 1809 年，一位妇女在切除 10.2kg 卵巢肿瘤后生存了 30 年。随着显微外科技术、微创外科技术的应用，麻醉水平的提高及抗菌药物的广泛应用，肿瘤外科取得了快速的发展。但是，长期的临床实践证明，单靠手术难以彻底治愈肿瘤，有些肿瘤虽然实施了根治手术．但术后若干年仍会复发或转移。肿瘤的彻底治疗需要从遗传的层面进行校正。

2. 基因治疗

基因治疗是随着 20 世纪七八十年代 DNA 重组等技术的成熟而发展起来的最具革命性的医疗技术之一，经过 40 多年的发展，基因治疗在重大疾病的治疗方面显示出了独特的优势，由最初用于单基因遗传性疾病的治疗扩大到恶性肿瘤、感染性疾病、心脑血管疾病、自身免疫性疾病、代谢性疾病等重大疾病的治疗。截至 2015 年 7 月，全球共批准 2210 项基因治疗方案进入临床试验阶段，其中针对各种恶性肿瘤的基因治疗临床试验方案占了总数的 64%。

肿瘤的基因治疗是肿瘤治疗的一个新领域，主要运用基因工程技术来修复和纠正肿瘤基因的结构和功能缺陷，或通过增强宿主的肿瘤杀伤能力和机体防御机制来治疗肿瘤。肿瘤基因治疗的目的基因主要包括细胞因子基因、抗癌基因、反义核酸、肿瘤药物相关基因及病毒基因等。基因治疗是手术、化疗、放疗等常规疗法之外的一个重要补充。随着分子生物学技术的发展及对肿瘤发生机制研究的不断深入，肿瘤基因治疗逐渐成为研究热点。目前的研究领域主要包括肿瘤免疫基因治疗、反义技术治疗、免疫治疗等。

（1）免疫基因治疗

免疫基因治疗是指应用基因转移技术将编码肿瘤抗原、细胞因子及受体等的外源基因导入人体，以提高机体的抗肿瘤免疫反应，从而达到抑制和杀伤肿瘤细胞的目的，包括细胞因子基因治疗、基于 DNA 的疫苗、单克隆抗体基因转移等。基因治疗的方案包括 4 个方面：①在体外将细胞因子基因导入肿瘤或宿主细胞，利用细胞因子对免疫系统调节作用的增强，使宿主产生有效的抗肿瘤免疫反应；②把对某些化学药物敏感的基因导入肿瘤细胞，使肿瘤细胞获得对药物的敏感性而被杀死；③利用抑癌基因进行肿瘤治疗；④应用遗传工程技术，把正常基因及已知的表达构件导入有缺陷基因的患者体内，并能表达和发挥功能，使基因缺陷引起的各种异常得到不同程度的治疗。

例如，应用遗传工程技术将抗肿瘤的细胞因子如肿瘤坏死因子的基因，转入抗癌的效应细胞如肿瘤浸润淋巴细胞（tumor infiltrating lymphocyte，TIL）中，以增强其抗癌作用。1991 年初，Rosenberg 等在得到美国国立卫生研究院的重组 DNA 咨询委员会（Recombinant DNA Advisory Committee，RAC）的准许后，将 *TNF* 基因通过反转录病毒载体导入体外培养的 TIL，然后将 TIL 回输给黑色素瘤患者。当 TIL 进入体内后能特异性地到达肿瘤部位并表达 *TNF* 基因，合成肿瘤坏死因子，杀伤癌细胞，从而达到基因治疗的目的。

（2）反义技术治疗

反义技术（antisense approach）的原理是根据核酸之间的碱基互补配对原理，用生物合成或人工合成的互补反义核酸或其化学修饰物与细胞内的特定核酸结合，通过阻抑从 DNA 至 mRNA 的转录过程或从 mRNA 到蛋白质的翻译过程，阻断细胞中的蛋白质合成，从而抑制或封闭与肿瘤发生直接相关基因的表达。导入细胞的反义分子充当了“分子解剖刀”的作用，可以去除细胞中某些特定的蛋白质或明显抑制其合成。

根据反义技术的原理，人们以癌变过程中的不同突变基因为靶位，设计反义抗肿瘤药物，用于肿瘤的治疗。自从 1992 年美国食品药品监督管理局（FDA）首次批准反义药物用于临床治疗以来，许多反义抗肿瘤药物已进入临床试验阶段。

（3）免疫治疗

肿瘤患者由于机体自身的免疫缺陷，再加上传统手术、放疗和化疗造成的免疫损害，新生和残留的癌细胞得不到及时清除，加大了复发的风险。近年的研究表明，癌细胞快速增殖的一个重要原因是免疫逃逸，癌细胞能分泌免疫抑制性细胞因子，使免疫细胞无法激活，从而不能杀死肿瘤细胞。另外，肿瘤细胞也具有伪装的应变特征，将自己伪装得像正常细胞一样，以躲避免疫细胞的追杀。肿瘤免疫治疗就是通过重新激活人体免疫系统，恢复机体正常的抗肿瘤免疫反应，依靠机体自身免疫功能控制、清除肿瘤细胞和肿瘤组织的一种治疗方法。肿瘤的免疫治疗可以分为两大类型：①主动免疫治疗，通过作用于机体免疫系统，改善免疫功能来达到杀伤肿瘤的效果；②被动（获得性）免疫治疗，通过直接作用于肿瘤细胞本身来杀伤肿瘤细胞。

免疫检查点抑制剂（immune checkpoint blockage，ICB）是近些年发展最迅速的免疫治疗手段之一。在肿瘤细胞表面高表达程序性死亡配体 1（programmed death-ligand 1，PD-L1），T 细胞表面表达程序性细胞死亡蛋白 1（programmed death 1，PD-1）。PD-L1 可以通过结合 PD-1 使机体误将肿瘤细胞认为是自体细胞，从而抑制免疫系统对肿瘤细胞的杀伤作用（图 7.8）。PD-1 被称为免疫检查点，ICB 通过小分子/单克隆抗体等阻断肿瘤细胞表面异常高表达的 PD-L1 与免疫细胞表面 PD-1 的结合，使肿瘤浸润淋巴细胞得以恢复杀伤活力，达到杀伤肿瘤细胞的目的，所以与 PD-L1 结合的免疫抑制信号也被形象地称为“别杀我”信号。2014 年，第一个 PD-1 抑制剂在美国上市，主要用于恶性黑色素瘤的治疗。2018 年 6 月 15 日，中国食品药品监督管理总局（现为国家市场监督管理总局）正式批准 PD-1 抗体注射液上市，针对的适应证是“系统治疗的非小细胞肺癌”，这意味着我国的肿瘤治疗真正进入了“免疫”时代。

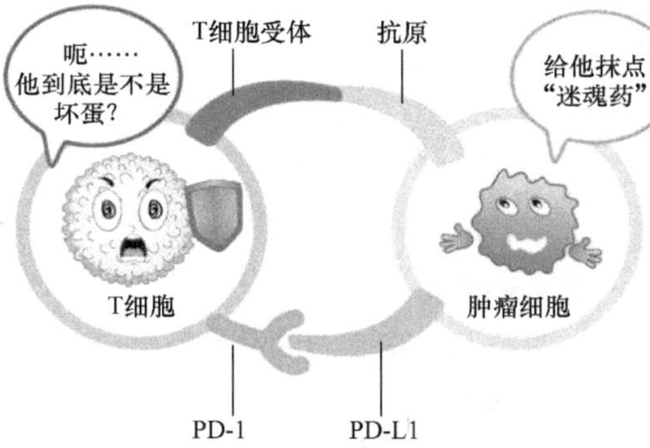

图 7.8　PD-L1 和 PD-1 的作用模式图

免疫检查点抑制剂开启了肺癌、肝癌等肿瘤免疫治疗的新时代。美国免疫学家詹姆斯·艾利森（James P. Alison）和日本免疫学家本庶佑（Tasuku Honjo）（图 7.9）在相关研究中做出了杰出贡献。艾利森和本庶佑分别发现 CTLA-4 和 PD-1 这两个 T 细胞“刹车器”的作用原理，为癌症治疗开创了全新的免疫治疗思路——释放免疫系统自身的能力来攻击肿瘤，让 T 细胞重新活跃起来杀死肿瘤细胞。为表彰他们在“发现负性免疫调节治疗癌症的疗法”中所做出的贡献，二人被授予 2018 年诺贝尔生理学或医学奖。

（二）监测与预后

由于肿瘤细胞很难从机体内彻底清除，肿瘤细胞的快速繁殖使得肿瘤患者在治

图 7.9　2018 年诺贝尔生理学或医学奖得主詹姆斯 · 艾利森（左）和本庶佑（右）

疗后易复发，因此需要对患者进行监测和预后。肿瘤分子、细胞遗传学的特异性改变可用于临床疗效的监测。例如，慢性粒细胞白血病患者被治愈后 Ph 染色体消失，若复发，Ph 染色体又重新出现。癌基因 *N-myc* 和 *C-erbB2* 扩增，常提示患者预后不良。

思　考　题

1. 肿瘤有哪些主要类型？
2. 何谓良性肿瘤？它有哪些生长方式？
3. 有哪些现象可以说明肿瘤的发生与遗传相关？
4. 什么是肿瘤的家族集聚现象？
5. 有哪些遗传因素与肿瘤的发生相关？
6. 什么是肿瘤的遗传易感性？遗传易感性研究有何实际意义？
7. 除了遗传因素之外，肿瘤还与哪些因素有关？
8. 简述预防肿瘤的主要对策。
9. 肿瘤的治疗有哪些主要方法？
10. 请简述肿瘤免疫治疗的原理。
11. 请查阅文献资料了解肿瘤基因治疗的研究与应用进展。
12. 简述肿瘤抑制基因的功能特点和临床意义。

主要参考文献

安瑞生，陈晓峰．2011．肿瘤基因治疗技术．中国肿瘤，10（10）：577-579

白日兰，崔久嵬．2019．肺癌免疫治疗：新时代，新思考．中国肿瘤生物治疗杂志，26（2）：137-145

蔡绍京，徐珊．2001．医学遗传学．北京：科学出版社

陈万青，孙可欣，郑荣寿，等．2018．2014 年中国分地区恶性肿瘤发病和死亡分析．中国肿瘤，27（1）：1-14

陈一君，芈大羽．2015．癌症村病人的困境——基于四川省绵竹市癌症村的调查．经贸实践，6：155-157

陈竺．2001．医学遗传学．北京：人民卫生出版社

程罗根．2015．人类遗传学导论．北京：科学出版社

程罗根．2018．遗传学．2 版．北京：科学出版社

邓洪新，魏于全．2015．肿瘤基因治疗的研究现状和展望．中国肿瘤生物治疗杂志，22（2）：170-176

董丞妍，谭亚玲，罗明良，等．2014．中国“癌症村”的聚集格局．地理研究，33（11）：2115-2124

巩加存，刘彩云．2013．膀胱肿瘤的治疗研究进展．中国医药指南，11（19）：84-86

胡楠．1993．肿瘤遗传易感性的研究进展．遗传，15（1）：36-40

金发光．2017．我国肺癌早期筛查现状分析．医学与哲学，38（1B）：14-18

刘淦，孙杰，张婷，等．2019．原发性肝癌免疫治疗的现状及未来．传染病信息，32（1）：87-95

刘旭，郭晓钟．2016．胰腺癌的早期诊断．临床肝胆病杂志，32（5）：864-866

流小舟，吴苏稼．2012．骨肉瘤免疫基因治疗研究进展．医学研究生学报，25（1）：95-98

苏长青．2010．肿瘤的基因治疗：重新燃起的希望．临床肿瘤学杂志，15（7）：577-583

唐艳平．2003．医学遗传学．武汉：湖北科学技术出版社

王培林．2000．遗传病学．北京：人民卫生出版社

薛润韬．2019．癌症免疫治疗的方法及其研究进展．生物制药与研究，1：177-179

闫伟，方刚．2003．反义技术治疗肿瘤的临床进展．医学研究生学报，16（12）：940-942

余其兴，赵刚．2000．人类遗传学导论．北京：高等教育出版社；柏林：施普林格出版社

赵刚，彭惠民．1998．医学遗传学教程．北京：科学出版社

赵寿元．1996．人类遗传学概论．上海：复旦大学出版社

左伋．2001．医学遗传学．4 版．北京：人民卫生出版社

第八章　遗传与免疫

免疫是机体防御细菌、病毒或异体大分子等抗原性异物侵害的一种保护性生理反应。人体依靠这种功能识别“自己”和“非己”成分，从而破坏和排斥进入人体的抗原物质（如病菌等），或人体本身的损伤细胞和肿瘤细胞等，以维持人体的健康。自从应用人类红细胞与血清间的同种凝集反应检出了 ABO 血型以来，免疫学和遗传学的关系日益密切，人体白细胞抗原（human leucocyte antigen，HLA）系统的研究为同种异体脏器的移植提供了理论基础，并揭示了其与某些遗传性疾病的关联。用遗传学的原理和方法系统研究免疫反应中各个因素的遗传控制机理，阐明基因、抗原和抗体三者的关系；用免疫学的方法来识别个体间的遗传差异（如血型、表面抗原等）以作为遗传分析的指标。因此，遗传学与免疫学相互交叉与融合，产生了免疫遗传学（immunogenetics）这一新的分支学科。

第一节　人体免疫系统

人体免疫系统由免疫器官、免疫细胞和免疫分子组成。骨髓、胸腺、脾脏和淋巴结都是重要的免疫组织或器官。遍布全身的像蜘蛛网似的淋巴管，连通了全身组织与淋巴结，血管又把它们与血液循环相连接。因此，身体的任何部分都处在免疫系统的监护之下。

一、免疫器官

（一）中枢免疫器官

中枢免疫器官是免疫细胞产生、发育、分化和成熟的场所，包括骨髓、胸腺及禽类的法氏囊。

1. 骨髓

骨髓是存在于长骨（如肱骨、股骨）的骨髓腔和扁平骨（如髂骨、肋骨、胸骨、脊椎骨等）的松质骨间网眼中的一种海绵状组织。能产生血细胞的骨髓略呈红色，称为红骨髓。成人的一些骨髓腔中的骨髓含有很多脂肪细胞，呈黄色，且不能产生血细胞，称为黄骨髓（图 8.1）。人出生时，全身骨髓腔内充满红骨髓，随着年龄增长，骨髓中脂肪细胞增多，相当部分红骨髓被黄骨髓取代，最后几乎只有扁平骨骨松质中有红骨髓。当机体严重缺血时，部分黄骨髓可转变为红骨髓，重新恢复造血的能力。

人体内的血液成分处于不断的新陈代谢中，老的细胞被清除，生成新的细胞。骨髓的重要功能就是产生各种血细胞的干细胞，这些干细胞通过分化再生成各种血细胞，如红细胞、白细胞、血小板、淋巴细胞等。简单地说，骨髓的作用就是造血。此外，骨髓是B淋巴细胞分化、成熟的场所。

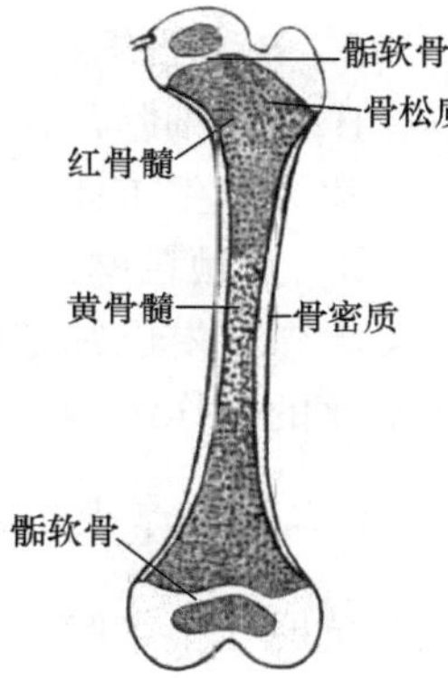

图 8.1　红骨髓和黄骨髓

2．胸腺

胸腺位于胸腔内心脏的前上方，是T淋巴细胞分化、发育和成熟的地方。幼年期是重要的免疫器官，青春期之后，随着其他免疫器官的发育完成，胸腺逐渐被结缔组织充填而功能降低。

（二）外周免疫器官

外周免疫器官是具有免疫活性的成熟T淋巴细胞、B淋巴细胞定居和接受抗原刺激后增殖与分化、产生体液和细胞免疫应答的场所，包括脾脏、淋巴结和黏膜相关的淋巴组织。

1．脾脏

脾脏是免疫细胞定居的场所，是淋巴细胞接受抗原刺激并发生免疫应答的部位。脾脏中T淋巴细胞占总淋巴细胞数的35%～50%，B淋巴细胞占50%～65%。

2．淋巴结

淋巴结为大小不一的呈椭圆形或圆形的灰红色小体。人体共有400～450个淋巴结，根据其分布位置，淋巴结分为浅淋巴结和深淋巴结两种类型，多沿血管排列。淋巴结是T淋巴细胞和B淋巴细胞定居的场所。

3．其他淋巴组织

外周免疫器官还包括黏膜免疫系统，如扁桃体、阑尾和黏膜下淋巴组织等。

二、免疫细胞

免疫细胞分为以下三类。

（一）淋巴细胞

淋巴细胞是免疫应答中起核心作用的免疫活性细胞。

1．T淋巴细胞

T淋巴细胞，即胸腺依赖性淋巴细胞（thymus-dependent lymphocyte），是血液和淋巴细胞再循环中的主要淋巴细胞。

2. B 淋巴细胞

B 淋巴细胞是在骨髓或其同功器官（法氏囊）内发育的细胞，受抗原刺激后可分化为产生抗体的浆细胞。

3. 大颗粒淋巴细胞

大颗粒淋巴细胞包括自然杀伤细胞（natural killer cell，NK 细胞）和淋巴因子活化的杀伤细胞。

（二）抗原提呈细胞

抗原提呈细胞在免疫应答中起辅助作用，包括单核巨噬细胞、树突状细胞、内皮细胞等。

（三）其他免疫细胞

其他免疫细胞包括中性粒细胞、嗜酸性粒细胞、嗜碱性粒细胞、肥大细胞、血小板、红细胞等。

三、免疫分子

（一）膜型分子

1. T 细胞受体

T 细胞受体（T cell receptor，TCR）是由两条不同肽链构成的异二聚体，它的作用是识别抗原。

2. B 细胞受体

B 细胞受体（B cell receptor，BCR）是表达于 B 细胞表面的免疫球蛋白，B 细胞通过 BCR 识别抗原，接受抗原刺激，启动体液免疫应答。

3. 细胞黏附分子

细胞黏附分子（cell adhesion molecule，CAM）是由细胞合成的，可促进细胞和细胞之间、细胞和细胞外基质之间黏附的一大类分子的总称。其参与细胞的识别、活化和信号转导等。

4. 主要组织相容性抗原

凡能刺激机体引起特异性免疫反应的物质均称为抗原。组织相容性抗原是代表组织特异性的、引起排斥反应的同种异型抗原。在众多的组织相容性抗原系统中，能引起强烈而迅速排斥反应的抗原称为主要组织相容性抗原（major histocompatibility antigen），该抗原系统称为主要组织相容性抗原系统（major histocompatibility system，MHS）。编码 MHS 的基因是同一染色体上特定区域的一组紧密连锁的基因群，称为主要组织相容性抗原复合体（major histocompatibility complex，MHC），其产物的主要功能是参与抗原提呈、制约细胞间相互作用、诱导免疫应答。不同物种动物 MHS 的结构、产物和功能相似，但名称不同，如人类的 MHS 称为人类白细胞抗原（human leucocyte antigen，HLA），其基因位于 6 号染色体上；小鼠的 MHS 称为 H-2 系统，其基因位于 17 号染色体上。

（二）分泌型分子

1. 免疫球蛋白

能与相应抗原特异性结合的具有免疫功能的球蛋白称为抗体（antibody，Ab）。免疫球蛋白（immunoglobulin，Ig）是具有抗体活性或化学结构与抗体相似的球蛋白。免疫球蛋白可分为分泌型和膜型两种类型。分泌型免疫球蛋白主要存在于血清中，也可见于其他体液和外分泌液，其主要功能是特异性地结合抗原；膜型免疫球蛋白是 B 细胞膜上的抗原受体，能特异性地识别抗原分子。

2. 补体

补体是一种血清蛋白质，包括 30 余种成分，存在于人和脊椎动物的血清和组织液中，活化后具有酶活性，可介导免疫应答和炎症反应。

3. 细胞因子

细胞因子（cytokine，CK）是免疫原、丝裂原或其他刺激剂诱导免疫细胞（如单核巨噬细胞、T 细胞、B 细胞、NK 细胞等）和某些非免疫细胞（内皮细胞、表皮细胞、纤维母细胞等）产生的低分子质量可溶性蛋白质，具有调节固有免疫和适应性免疫、血细胞生成、细胞生长及损伤组织修复等多种功能。其主要包括白细胞介素、干扰素、肿瘤坏死因子超家族、集落刺激因子、趋化因子、生长因子等。

四、免疫反应

免疫反应是指机体对于异己成分或者变异的自体成分做出的防御反应。

（一）非特异性免疫

非特异性免疫是指对所有病原微生物都有一定程度的抵抗力。这种抵抗力是先天遗传的，又叫天然免疫或先天性免疫。它包括细胞（巨噬细胞、白细胞、血小板等）、体液因素（补体、溶菌酶、干扰素等）和机械屏障（皮肤、黏膜等）的免疫作用。

（二）特异性免疫

特异性免疫是指对某一种或某一类微生物或其产物所产生的特异性抵抗力。其包括致敏 T 细胞介导的细胞免疫和抗体介导的体液免疫。

1. 细胞免疫

T 细胞受到抗原刺激后，增殖、分化、转化为致敏 T 细胞，当相同抗原再次进入机体的细胞中时，致敏 T 细胞对抗原的直接杀伤作用及致敏 T 细胞所释放的细胞因子的协同杀伤作用，统称为细胞免疫。

T 细胞介导的细胞免疫分为三个阶段：①T 细胞特异性识别抗原阶段；②T 细胞活化、增殖和分化阶段；③效应 T 细胞的产生及效应阶段。初始 T 细胞随血循环进入外周淋巴器官，并不断在体内循环，以便随时识别进入机体的抗原。初始 T 细胞识别抗原肽后，活化、增殖并分化为效应 T 细胞，进而清除抗原并实现对免疫应答的调节，在免疫应答过程中，部分活化 T 细胞分化为记忆 T 细胞（memory T cell）（图 8.2）。

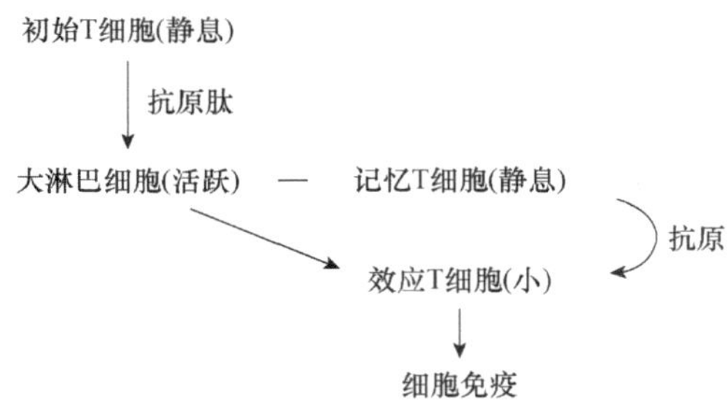

图 8.2　细胞免疫流程

T 细胞分为三个亚群（图 8.3）：①细胞毒性 T 细胞（cytotoxic T cell，Tc 细胞），直接攻击异抗原细胞，通过释放穿孔素，使其膨胀破裂死亡，或者分泌颗粒酶，诱发靶细胞凋亡；②辅助性 T 细胞（helper T cell，Th 细胞），分泌多种细胞因子，辅助 B 细胞和 Tc 细胞进行免疫应答，本身也具有某些免疫效应功能；③抑制性 T 细胞（suppressor T cell，Ts 细胞），分泌的细胞因子可调节其他 T 细胞和 B 细胞，降低其活性，使免疫应答不至过于强烈。

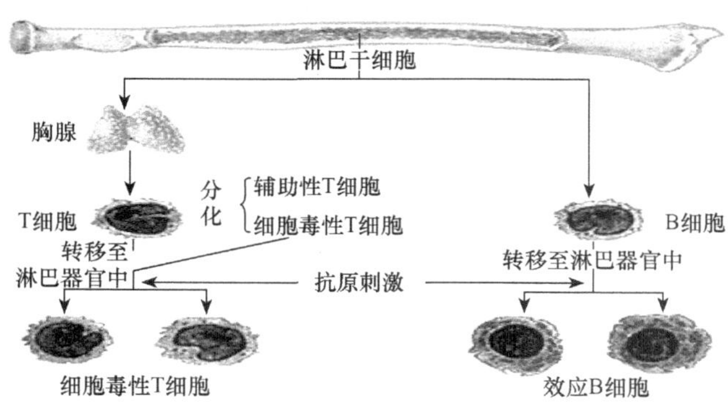

图 8.3　淋巴细胞的起源和分化

2. 体液免疫

体液免疫是以效应 B 细胞产生抗体来达到保护目的的免疫机制。其包括以下三个阶段（图 8.4）。①感应阶段。抗原进入机体后，除少数直接作用于淋巴细胞外，大多数抗原都要经过吞噬细胞的摄取和处理，然后将抗原提呈给 T 细胞，再由 T 细胞提呈给 B 细胞；有些抗原也可以直接刺激 B 细胞。②反应阶段。B 细胞接受抗原刺激后，开始一系列的增殖、分化，形成效应 B 细胞。在这个过程中，有一小部分 B 细胞成为记忆 B 细胞，可以在体内抗原消失数月乃至数十年以后，仍保持对抗原的记忆。当同一种抗原再次进入机体时，记忆 B 细胞就会迅速增殖、分化，形成大量的效应 B 细胞，继而产生更强的特异性免疫反应，及时将抗原清除。③效应阶段。效应 B 细胞产生抗体，与相应的抗原特异性结合，发挥免疫效应。

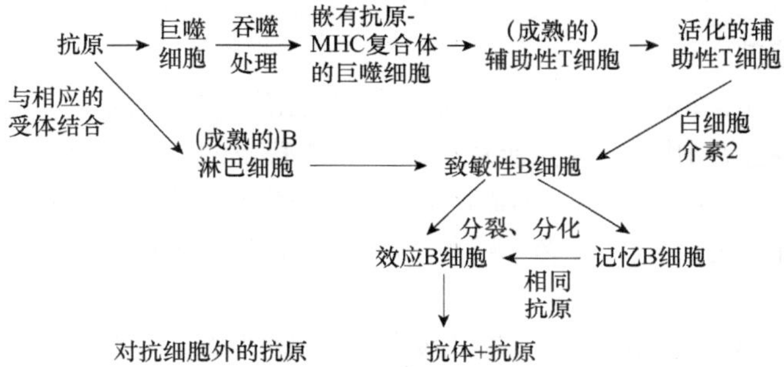

图 8.4　体液免疫机制

五、免疫接种

（一）疫苗的起源

免疫接种（immunization）是用人工方法将免疫原（即特异性抗原）或免疫效应物质（即特异性抗体）输入机体内，使机体获得防治某种传染病的能力。

早在 4 世纪初，东晋葛洪所著《肘后备急方》中，就有防治狂犬病的“仍杀所咬犬，取脑敷之，后不复发”的记载。在宋真宗时代（公元 1000 年左右），峨眉山道人为了治疗宰相王达之子的天花，取其患处的结痂，处理后进行自体接种而将其治愈，这应当是最早的自身免疫治疗（self-vaccine）。后来经过不断发展形成了预防天花的人痘接种法：从感染天花后的恢复期患者或症状比较轻的患者身上，挑取水疱、脓疱和痘痂内容物并保存 1 个月左右待其干燥，然后将其研磨成粉末，让健康的人从鼻腔吸入，以预防天花。这是人类史上最早使用疫苗来预防疾病的记录，比英国医生琴纳（Jenner）发明牛痘苗早了几百年。1796 年，英国乡村医生琴纳从一位感染了牛痘的年轻挤奶农妇的手上挑取了痘苗并将其接种到一名 8 岁男孩的手臂上，经过几个月的严密观察，发现小男孩获得了免疫保护，一直没有感染天花，开创了人工自动免疫的先河。为纪念琴纳的这一伟大贡献，法国科学家巴斯德（Pasteur）将疫苗称为“vaccine”（拉丁文 *vacc* 是“牛”的意思）。由于长期和广泛地使用牛痘疫苗，全世界从 1977 年以后再也没有发现过天花患者。世界卫生组织（World Health Organization，WHO）于 1979 年 10 月 26 日宣布，天花已在全球绝迹。这是人类历史上第一个使用疫苗消灭的传染病，创造了使用疫苗在自然界中彻底消灭一种病原微生物的医学奇迹。

（二）疫苗的发展

巴斯德使用减毒的病原体来预防其导致的疾病，通过实验室内研制的疫苗预防传染病，建立了现代意义上的预防接种。通过不断发展，疫苗的种类和数量不断增加。特别是进入 20 世纪 80 年代，现代分子生物学技术的应用推动了新一代疫苗的研制，引发了疫苗发展史上的第二次革命，疫苗的品质和安全性明显提升。

1. 传统疫苗

传统疫苗（traditional vaccine）又称常规疫苗或第一代疫苗，是以完整的病原体为主制成的疫苗。用人工变异或从自然界筛选获得的减毒或无毒的活病原微生物制成制剂或者用理化方法将病原微生物杀死制备生物制剂，由此获得的这些生物制剂就是传统疫苗，包括灭活疫苗、减毒活疫苗和亚单位疫苗。传统疫苗多用于预防。

（1）灭活疫苗

灭活疫苗（dead vaccine）又称死疫苗，是指利用加热或甲醛处理等理化方法将人工大量培养的完整的病原微生物杀死，使其丧失感染性和毒性而保持其免疫原性，并结合相应的佐剂而制成的疫苗，如脊髓灰质炎灭活疫苗、乙型脑炎灭活疫苗、禽流感灭活疫苗等。这种疫苗需要严格的灭活操作，要保证疫苗中不含有灭活不完全的颗粒。

（2）减毒活疫苗

将微生物的自然强毒株通过物理、化学和生物学的方法，连续传代，使其对原宿主丧失致病力，或只引起亚临床感染，但仍保持良好的免疫原性、遗传特性，用这种毒株制备的疫苗就叫作减毒活疫苗（attenuated vaccine），又称为弱毒疫苗。当前使用的病毒疫苗多数是减毒活疫苗，如麻疹减毒活疫苗、甲型肝炎减毒活疫苗、风疹减毒活疫苗、口服脊髓灰质炎减毒活疫苗、口服狂犬病减毒活疫苗等。

（3）亚单位疫苗

亚单位疫苗（subunit vaccine）是指提取或合成细菌、病毒外壳的特殊蛋白质结构，即抗原决定簇制成的疫苗。这类疫苗不是完整的病毒，是病毒的一部分物质，故称亚单位疫苗。亚单位疫苗仅有几种主要表面蛋白质，可以避免许多无关抗原诱发的抗体，从而减少了疫苗的不良反应和疫苗引起的相关疾病。但是，亚单位疫苗的免疫原性较低，需要与佐剂合用才能产生好的免疫效果。

随着病原学、流行病学、免疫学，特别是病毒组织培养技术的发展，20 世纪以来大量传统疫苗相继问世。但是，对于免疫保护机制不明确，有潜在致癌性或免疫病理作用，以及病原不能或难以培养的疫苗，使用传统疫苗技术就很难研制成功。

2. 新型疫苗

新型疫苗是利用现代分子生物学技术使用抗原（antigen，Ag）诱发机体产生特异性免疫反应以预防和治疗疾病或达到某种特定医学目的的生物制剂，属于新一代疫苗（new generation vaccine）或高技术疫苗（high-tech vaccine）。新型疫苗的研究目前主要集中在改进传统疫苗和研制传统技术不能解决的新疫苗两个方面，包括肿瘤疫苗、避孕疫苗及其他非感染性疾病疫苗的研制，其中治疗性疫苗已成为新型疫苗研究的重要组成部分。新型疫苗包括以下主要类型。

（1）基因工程疫苗

基因工程疫苗（gene engineering vaccine）是指使用重组 DNA 技术克隆并表达保护性抗原基因，利用表达的抗原产物或重组体本身制成的疫苗，因此也称遗传工程疫苗（genetic engineering vaccine）。例如，将乙型肝炎表面抗原基因片段重组到中国仓鼠卵巢细胞（CHO）内，细胞分泌乙肝表面抗原（HBsAg）到培养液中，经过纯化并加佐剂氢氧化铝后便生产出了乙肝基因工程疫苗。

（2）遗传重组疫苗

遗传重组疫苗（genetic recombinant vaccine）是指使用遗传重组（genetic recombination）方法获得的重组微生物制成的疫苗。

（3）合成肽疫苗

合成肽疫苗（synthetic peptide vaccine）是指使用化学方法合成能够诱发机体产生免疫保护作用的多肽制成的疫苗。

（4）抗独特型抗体疫苗

使用与特定抗原的免疫原性相近的抗体作抗原制成的疫苗称为抗独特型抗体疫苗（anti-idiotype vaccine）。

（5）微胶囊可控缓释疫苗

微胶囊可控缓释疫苗（controllable released microcapsule vaccine）是指使用微胶囊技术将特定抗原包裹后制成的疫苗。由于微胶囊的保护作用，母体抗体不能使抗原失活，可用于婴幼儿免疫接种。另外，微胶囊在肠道内不受酸或酶的影响，可用于口服。

第二节　红细胞抗原与血型

红细胞抗原实质上是红细胞膜抗原。红细胞膜由脂质、蛋白质和多糖三部分构成，糖蛋白分子从细胞表面突出，呈棒状结构，是抗原决定簇。

一、人类的血型系统

1900 年，奥地利著名医学家、生理学家兰德斯坦纳（Landsteiner）在把人的血液相互混合时发现，有时混合得很好，有时则发生凝聚现象。因此他认为人的血液不止一种，而是有不同的类型，称为血型（blood type）。ABO 血型是第一个被发现的人类血型系统，迄今为止，在人类中已经发现了 23 个遗传上互相独立的血型系统，共计 160 余种血型。

（一）ABO 血型系统

1901 年，兰德斯坦纳将人的血液分成 A、B、C（按字母顺序命名）三个类型。1902 年，他的学生发现了第四种血型，即 AB 血型。1910 年，人们发现 C 血型没有凝集反应（agglutination），故将其更名为 O 型，取自德语的 ohne，意思是“没有”，并提出将这种血型系统命名为 ABO 血型系统。按照国际命名法则规定，以红细胞膜上的抗原类型或抗原的有无作为血型分类的依据。在 ABO 血型系统中，凡红细胞膜上含有 A 抗原者为 A 型，含有 B 抗原者为 B 型，既有 A 抗原又有 B 抗原者为 AB 型，两种抗原都没有者为 O 型。

ABO 抗原物质由三个等位基因（I^A、I^B、i）决定，I^A 基因形成 A 抗原决定簇，I^B 基因形成 B 抗原决定簇。I^A、I^B 均为显性基因，而 i 基因则为隐性基因（无编码产物）。I^AI^B 基因型的个体表现出共显性，既有 A 抗原，也有 B 抗原，形成 AB 型血型；ii 基因型的个体既无 A 抗原，也无 B 抗原，形成 O 型血型；I^AI^A 和 I^Ai 形成 A 型血型；I^BI^B 和 I^Bi 形成 B 型血型（表 8.1）。

表 8.1　ABO 血型系统的基因型及其表型

血型表型	基因型	抗原（在细胞膜上）	抗体（在血清中）	基因产物
A	I^AI^A，I^Ai	A	β（抗 B）	*N*-乙酰半乳糖胺转移酶
B	I^BI^B，I^Bi	B	α（抗 A）	D-半乳糖转移酶
AB	I^AI^B	A、B	—	二者兼有
O	ii	—	α、β	—

ABO 血型的分布因国家、民族和地理位置等的不同而有较大差异（表 8.2，表 8.3）。

表 8.2　不同人群 ABO 血型的分布　（%）

人群	A	B	AB	O
美国白种人	45	8	4	43
美国黑种人	29	17	4	50
中国汉族人	31	28	10	31
中国维吾尔族人	29	31	11	29
印度人	21	40	8	31
韩国人	34	27	11	28
日本人	38	22	9	31

表 8.3　我国 5 个民族 ABO 血型系统的表型频率和基因频率

民族	调查人数	表型频率				基因频率		
		A	B	O	AB	I^A	I^B	i
汉族	40 980	0.313 1	0.280 6	0.308 6	0.097 7	0.232 5	0.211 7	0.555 8
维吾尔族	1 513	0.292 2	0.319 2	0.275 0	0.113 6	0.228 4	0.246 8	0.524 8
壮族	1 487	0.212 5	0.275 7	0.472 8	0.039 0	0.135 2	0.172 7	0.692 1
回族	1 355	0.272 3	0.283 4	0.359 4	0.084 9	0.198 3	0.205 2	0.596 5
哈萨克族	885	0.228 2	0.298 3	0.379 7	0.093 8	0.164 5	0.207 2	0.628 3

1982 年的调查资料显示，我国人群中 ABO 血型的分布特点是：北方各省（自治区、直辖市）及海南 B 型基因频率高，云南、贵州及长江流域 A 型基因频率高；广东、广西、福建、台湾 O 型频率高，且 A 高于 B；西藏 O 型频率高，且 B 高于 A。

ABO 血型有自身抗体，所以输血时要谨慎。一般的输血原则是同血型个体之间输血。另外，O 型血可以输给任何血型的个体，AB 型的人可以接受任何血型的血液。在临床上决定输血后果时，血红细胞的性质比血清的性质更为重要，即要确保输入的血液进入受体内不凝固。因为输入的血液，血浆中的抗体一部分被不亲和的受血者的组织吸收，另外输入的血液可被受血者的血浆稀释，从而使供血者的抗体浓度很大程度地降低，不足以引起明显的凝血反应。

（二）Rh 血型系统

Rh 抗原最初是从恒河猴（Rhesus monkey）的红细胞中发现的。当恒河猴的红细胞注入家兔体内后，在兔血清中产生了一种抗体，能使恒河猴红细胞发生凝集反应，说明恒河猴的红细胞含有某种抗原，称为 Rh 抗原。后来发现大多数人的红细胞也有 Rh 抗原，这种个体称为 Rh 阳性（Rh^+），没有 Rh 抗原的个体称为 Rh 阴性（Rh^-）。不同人群中 Rh^+的比例存在一定差异。例如，85%的欧洲人是 Rh^+，其余 15%的人是 Rh 阴性（Rh^-）；汉族人 99%以上都是 Rh^+，Rh^-不到 1%。我国一些少数民族 Rh^-比例高于汉族。例如，维吾尔族 Rh^-占 4.9%，乌孜别克族 Rh^-占 8.7%，苗族 Rh^-占 12.3%，塔塔尔族 Rh^-占 15.8%。

编码 Rh 抗原的基因位于 1 号染色体的短臂上，基因座由两个相关的结构基因 *RHD* 和 *RHCE* 组成，*RHD* 基因和 *RHCE* 基因具有高度同源性。已知有 60 多种等位基因，以 *D*、*C*、*E*、*c*、*e* 最为重要。*RHD* 和 *RHCE* 两个基因紧密连锁，单倍型排列有 8 种形式，即 *Dce*、*dce*、*DCe*、*dCe*、*DcE*、*dcE*、*DCE* 和 *dCE*，均为共显性基因。有研究报道，*d* 基因实际上是 *D* 基因的突变或缺失，为无效基因。在发现的 5 种抗原中，D 的抗原性最强，其次为 E、C、c、e。Rh 阳性个体既有 *RHD* 基因，也有 *RHCE* 基因，而 Rh 阴性个体仅有 *RHCE* 基因。

（三）MN 血型系统

人类的 MN 血型是继 ABO 血型之后被检出的独立遗传的血型。M 血型个体的红细胞表面有 M 抗原，由 L^M 基因决定，N 血型个体的红细胞表面有 N 抗原，由 L^N 基因决定，L^M 基因和 L^N 基因是并显性遗传，所以 L^ML^M 基因型的个体是 M 血型，L^NL^N 基因型的个体是 N 血型，L^ML^N 基因型个体的红细胞表面既有 M 抗原又有 N 抗原，所以是 MN 血型。MN 抗原性较弱，由输血引起的免疫抗体较少见。

（四）Xg 血型系统

Xg 血型是 1962 年从一个严重鼻出血患者的血清中发现的。控制 Xg 抗原的等位基因 Xg^a 和 *Xg* 位于 X 染色体的短臂，因此这种血型与性别有关。显性基因 Xg^a 控制 Xg 抗原阳性，表型为 Xg（a^+），隐性基因 *Xg* 控制 Xg 抗原阴性，表型为 Xg（a^-）。

Xg 基因可以作为 X 染色体的标志，追溯 X 染色体的来源。例如，如果某一 Turner 综合征患者的血型是 Xg（a^+），她父亲的血型是 Xg（a^+），母亲是 Xg（a^-），就可以断定该患者的 X 染色体来自父亲，产生这种性别畸形的原因是来自于她母亲的卵子缺少 X 染色体。

二、新生儿溶血症

胎儿和母体之间仅有绒毛膜一层合体细胞将胎儿的血管与母体的血管分隔开。随着胎盘的不断生长，胎盘表面不断扩张使合体细胞层变薄，当有小的渗漏时，胎儿红细胞就可以进入母体循环。胎儿的血型基因一半来自母亲，一半来自父亲。如果来自父亲的基因恰巧是母亲所没有的，胎儿的红细胞就有可能刺激母体产生抗体，抗体又可以通过胎盘到达胎儿体内，大量破坏胎儿红细胞，引起胎儿或新生儿的免疫性溶血，称为新生儿溶血症（hemolytic disease of the newborn，HDN）或胎儿有核红细胞增多症（erythroblastosis fetalis）。新生儿溶血症的症状大多数比较轻，少数病例可导致死胎、流产或早产；或出生后即表现出贫血、水肿、肝脾肿大、腹水、心脏扩大，死亡率较高，幸存者常有神经系统发育障碍和运动能力障碍。在所有红细胞血型系统中，ABO 血型不合所导致的新生儿溶血症最为常见，约占 85%；其次为 Rh 血型系统，约占 14.5%，其他血型系统则极少。

（一）ABO 血型不相容溶血症

在 ABO 血型系统中，任何母婴 ABO 血型不合均可引起溶血症，但实际上，新生儿溶血症 90%以上发生在 O 型母亲的 A 型或 B 型胎儿。其主要原因是：如果母亲是 O 型，胎儿是 A 型或 B 型，分娩过程中由于胎、母屏障的损伤，母亲抗 A 或抗 B 抗体进入胎儿血循环，引发溶血（图 8.5）。

ABO 血型不相容溶血症多数症状较轻。出生时无明显贫血，几天后逐渐出现贫血和黄疸，容易误诊为新生儿生理性黄疸。少数重症病例可严重贫血引起胎儿水肿，导致死胎、流产或早产。

除了孕妇和胎儿 ABO 血型不合可以产生 ABO 免疫抗体之外，自然界中广泛存在的 A 型物质或 B 型物质，如寄生虫感染、预防接种等都可以使孕妇产生免疫性抗 A 或抗 B 抗体，所以在 ABO 血型系统中第一胎就有可能出现新生儿溶血症患儿。

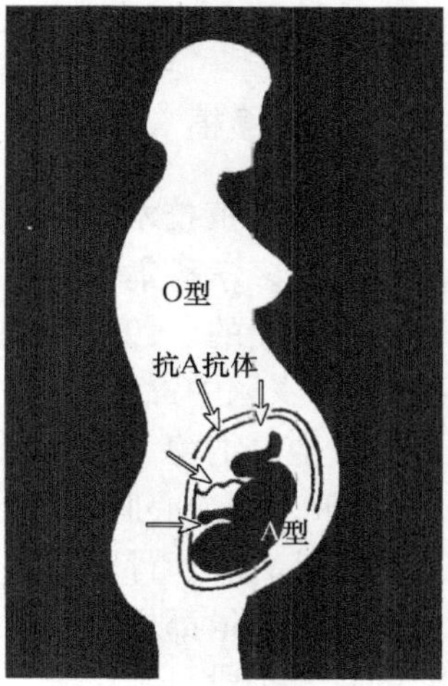

图 8.5　母婴血型不合引发新生儿溶血症示意图

（二）Rh 血型不相容溶血症

Rh 血型是输血和临床医学中与 ABO 血型同样重要的血型系统，Rh 抗原也是引起新生儿溶血症的重要抗原。但是 Rh 抗原没有天然抗体，只有通过输血或妊娠时胎儿 Rh^+的红细胞进入母体循环，发生免疫作用后才能产生抗体。因此，Rh 溶血症好发于母亲是 Rh^-而新生儿是 Rh^+的新生儿中。而且 Rh 溶血症很少发生于第一胎，因为进入母体的胎儿细胞数量少，产生的抗体也少，不至于引起胎儿或新生儿溶血。在第一胎分娩、自然流产、人工流产或剖腹产过程中，由于胎盘损伤、渗血，一定数量的胎儿细胞会进入母体，使其致敏。如果再次妊娠，而且胎儿是 Rh^+，虽然再次进入母体的胎儿细胞同样很少，但由于是“再次免疫”，几天之内就可以产生足够量的抗体，母体所产生的抗体经胎盘进入胎儿体内，导致新生儿溶血症（图 8.6）。

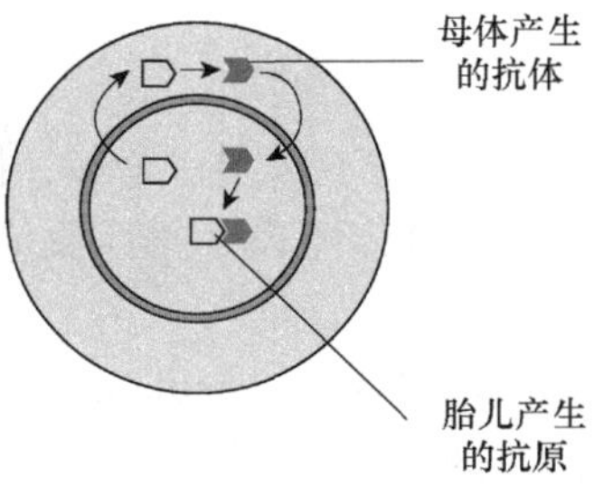

图 8.6　母体和胎儿血型不合导致 Rh 血型不相容溶血症的模式图

如果母亲在妊娠第一胎前接受过 Rh^+血液的输血，或当年母亲本人出生时，有其母亲 Rh^+血液进入，使其已经致敏，这种情况就有可能导致第一胎胎儿溶血。我国 Rh^-个体很少，所以发病比例并不高，但病症较 ABO 新生儿溶血重，常导致胎儿宫内死亡或新生儿黄疸。

第三节　白细胞抗原与器官移植

器官移植（organ transplantation）是将一个健康的器官移植到患者体内的复杂手术，目的是替换患者因疾病丧失功能的器官。器官移植面临的最大难题之一是排斥反应。

一、器官移植

器官移植技术是20世纪生命科学领域具有代表性的重大成就，它融合了临床与基础多学科集合成果，已经成功挽救了众多患者的生命。现代器官移植是从肾移植开始的。1936年，苏联的医生沃罗诺夫（Voronov）将一位去世者的肾移植到26岁尿中毒的患者体内，但术后48h接受肾移植的患者就去世了。1967年，南非医生巴纳德（Barnard）为一位54岁的商人进行了心脏移植手术，尽管手术后17天，接受心脏移植的商人因肺炎死亡，但开创了成功移植异体心脏的先河。胃、心脏、肝、肾、小肠等移植均在不同程度上取得成功，器官移植患者的生存率和生活质量都显著提高，器官移植技术已经成为公认的治疗各种终末期器官疾病的有效手段。

在器官移植中被移植的器官、组织或细胞称为移植物（transplant，graft），献出移植物的个体称为供体/者（donor），接受移植物的个体称为受体/者（recipient，host）。根据器官移植供体和受体双方的遗传关系，以及移植器官的数量和位置等，器官移植可以分为不同类型。

（一）按照供体和受体的遗传背景分类

1. 自体移植

自体移植（autotransplantation，autograft）是供体与受体为同一个体的器官移植。例如，将患者自己的埋藏牙、阻生牙、错位牙由一个位置移植到另一个位置的自体牙移植；从未烧伤部位取皮治疗大面积烧伤的自体皮肤移植；将腹腔隐睾移植入自身阴囊的自体睾丸移植等。

2. 同系移植

同系移植（isotransplantation，isograft）的供体和受体虽然不是同一个体，但具有完全相同的基因型，如同卵双生子之间的器官移植，移植后不发生排斥反应。

3. 同种异体移植

同一种属内不同个体间的器官移植，称为同种异体移植（allotransplantation，allograft），简称同种移植，如人与人、大鼠与大鼠之间的移植。同种异体移植是临床最常见的移植类型，也是移植免疫学研究的重点。

4. 异种移植

异种移植（xenotransplantation，xenograft）是不同物种个体之间的器官移植，如豚鼠与大鼠、猪与人之间的移植。异种器官移植的研究早在1667年就已经开始，通过不懈探索，在不同动物甚至是人和动物之间的器官移植不断取得成功。例如，1920年，俄国医生甫洛诺夫（Voronoff）为了给患者注入青春的活力，将黑猩猩的睾丸切片植入老年男子的阴囊内，一些女性也接受猩猩卵巢组织移植以治疗更年期症状；1995 年，一名 57 岁的美国帕金森症患者接受了猪神经细胞移植手术后，行动能力大大提高；以猪主动脉瓣或牛心包作为组织材料制成的生物瓣膜，不仅柔软，而且生物相容性好，一般不需服用抗凝药，采用牛心包生物瓣的患者 20 年生存率已达到 90%以上。

（二）按照一次移植器官的数量分类

1. 联合移植

一次移植两个器官的手术叫作联合移植，如心肺联合移植、心肾联合移植、肝肾联合移植、胰肾联合移植等。

2. 多器官移植

同时移植 3 个以上器官的手术叫作多器官移植。目前，已成功开展了心、肝、肾、胰、肠等器官间的联合移植，上腹部器官簇移植，全腹多器官移植等。经过不懈努力和探索，多器官移植手术的成功率和临床治疗效果也有了长足进步，逐步接近单器官移植水平。

3. 一串性器官群移植

移植多个腹部脏器（如肝、胃、胰、十二指肠、上段空肠）时，这些器官仅有一个总的血管蒂，移植时只需吻合动脉、静脉主干。

（三）按照器官植入部位分类

1. 原位移植

原位移植（orthotopic transplantation）是将移植物移植到受体该器官原来的解剖位置，如原位肝移植。原位移植必须先切除原来有病的器官。

2. 异位移植

将移植物移植于该器官解剖部位以外的其他部位称为异位移植（heterotopic transplantation）。原来的器官可以切除也可以保留。若移植的器官丧失功能，还可以切除，并施行再次、三次甚至多次移植。

（四）按照供体来源分类

1. 活体供体移植

要移植的器官若为成对的器官（如肾），可取自尸体，也可以取自自愿献出器官的父母、同胞或其他健康个体，但在术中应保证供体的绝对安全。

2. 尸体供体移植

尸体供体移植是从尸体获得移植器官。整体移植的人体单一器官如心脏、肝等，目前只能取自尸体。

二、器官移植的排斥反应

（一）一般器官移植中的排斥反应

器官移植面临的最大难题之一是排斥反应。当供体和受体之间存在抗原差异时，受体的免疫系统就能够识别异己而引发强弱不等的排斥，这种过程称为组织不相容性（histoincompatibility）。在排斥反应中，人类白细胞抗原（HLA）系统起着最重要的作用，红细胞血型也发挥了重要作用。

同一物种某个个体的组织移植到另一个在抗原组成上不相容的个体时，就会引起免疫反应，导致移植物被排斥，这就是组织不相容性。引起这种排斥的抗原便称为组织不相容性抗原或移植抗原(inhistocompatibility antigen 或 transplantation antigen)。机体大部分组织都有组织相容性抗原，它是细胞膜上的蛋白质，决定着移植过程中的免疫反应。人体有多种组织相容性抗原，但引起免疫排斥反应的强弱各不同，引起强烈排斥反应的抗原称为主要组织相容性抗原（major histocompatibility antigen）。人类的主要组织相容性系统最早是在白细胞上发现的，这些抗原主要集中在白细胞膜上，就称为人类白细胞抗原（HLA），受控于一组紧密连锁的基因群组成的复合体 MHC。20 世纪 60 年代以后人们发现，MHC 不仅编码移植抗原，还编码血清补体成分，控制调节免疫应答、免疫识别和支配免疫细胞各亚群的协同作用等。

HLA 的相似程度是器官移植成功与否的关键，但是 HLA 具有高度的多态性，决定其在不同个体间差异的多样性。在人群中，特别是无亲缘关系的个体间，找到 HLA 相同的概率非常低。因此在进行器官移植前，供体必须进行严格的组织配型，使受体和供体之间的 HLA 尽可能地相近，最大限度地减少排斥反应。

在同一条染色体上的 HLA 诸座位等位基因的组成称为单倍型（haplotype）。由于各位点紧密连锁，所以单倍型总是作为一个“单位”遗传给下一代，子女总是得到一条父亲的单倍型和一条母亲的单倍型。因此，父子（女）或母子（女）之间必有一条相同的单倍型，称为 HLA 半相同。同胞之间可分为 HLA 相同、HLA 半相同和 HLA 不相同 3 种情况。在器官移植时，首先应该在同胞中寻找 HLA 抗原完全相同的供体，因为他们有 1/4 的可能性完全相同，如果是同卵双生子，则在理论上移植的成功率是 100%；其次是选择 HLA 半相同的同胞或父母；最后在人群中寻求。移植尸体器官时应选择有尽可能多的相同抗原的接受者。

（二）骨髓移植中的排斥反应

骨髓移植（bone marrow transplantation，BMT）也是一种器官移植。将正常骨髓由静脉输入患者体内，以取代病变骨髓，用来治疗造血功能异常、免疫功能缺陷、血液系统恶性肿瘤及其他一些恶性肿瘤等疾病。

骨髓含有免疫活性细胞，进行骨髓移植时，不仅受体免疫系统要识别骨髓移植物为“非己”，骨髓移植物本身也要识别受体细胞为“非己”，因而相互发生攻击，产生移植物抗宿主病（graft-versus-host disease，GVH disease）。因此，骨髓移植的组织配型要求更高。BMT 可分为以下三类。

1. 同基因骨髓移植

同基因骨髓移植（syngeneic-bone marrow transplantation，Syn-BMT）是指基因型完全相同的两个个体间的骨髓移植。在人类，只有极少数的同卵双胎孪生兄弟或姐妹间的移植是此种移植。

2. 异基因骨髓移植

异基因骨髓移植（allogeneic-bone marrow transplantation，Allo-BMT）是指基因型不完全相同的两个个体间的骨髓移植。与患者 HLA 相匹配的同胞兄弟、姐妹、父母和子女及极少数的无亲缘关系的个体甚至与患者 HLA 不很匹配的无关个体都可能成为异基因骨髓移植的供体。Allo-BMT 可用于治疗白血病、淋巴瘤、骨髓瘤、重症再生障碍性贫血、重症珠蛋白生成障碍性贫血、重症遗传性免疫缺陷病、重症放射病、乳腺癌等疾病。

3. 自体骨髓移植

自体骨髓移植（autologous bone marrow transplantation，ABMT）是在患者机体上采集骨髓样本进行自体移植，是异基因移植的一种替代治疗手段。

为帮助患者检索配型相合的骨髓捐献者并提供移植相关服务，世界各国都相继建立了各自的骨髓库。骨髓库并不保存供体的骨髓或造血干细胞，而是只保存志愿捐献造血干细胞人们的名字、年龄、性别、健康状况、详细地址、HLA 基因检查结果等。当有患者需要进行骨髓移植时，则将患者的 HLA 基因与骨髓库里所有志愿者的 HLA 基因进行配对，如果与某一志愿者的 HLA 配对相合，便通知该志愿者捐献骨髓。因此骨髓库的志愿者越多，库容量越大，患者找到相合捐献者的机会就越多。

受中华人民共和国卫生部（现为国家卫生健康委员会）委托，1992 年，中国红十字会开展了中国非血缘关系骨髓移植供体资料检索库建设工作。2001 年 3 月，中国红十字会重新启动中华骨髓库（China Marrow Donor Program，CMDP）的建设工作。目前，全国已经建立了 31 家省级分库、30 家 HLA 组织配型实验室、6 家 HLA 高分辨分型确认实验室和 1 家 HLA 质量控制实验室，还建立了中华骨髓库的官方网站和官方微博。

思　考　题

1. 人类的免疫系统包括哪些组成部分？
2. 什么是非特异性免疫？什么是特异性免疫？

3. 什么是疫苗？有哪些主要类型？

4. 简述预防接种的意义。

5. 一对父母生了 4 个孩子，有下列的基因型：$iiRRL^{M}L^{N}$、$I^{A}iRrL^{N}L^{N}$、$iiRRL^{N}L^{N}$、$I^{B}irrL^{M}L^{M}$，这对父母亲的基因型是什么？

6. 何谓新生儿溶血症？有哪些临床症状？

7. ABO 血型系统有哪些血型？输血的基本原则是什么？

8. Rh 血型系统中，在什么情况下会发生新生儿溶血症？

9. MN 血型系统有几种血型？请写出每种血型的基因型。

10. 器官移植有哪些类型？

11. 与其他器官移植相比，为什么骨髓移植的组织配型要求更高？

12. 什么是骨髓库？它有何意义？

主要参考文献

程罗根. 2005. 人类遗传学. 南京：南京师范大学出版社

程罗根. 2015. 人类遗传学导论. 北京：科学出版社

李德山. 2010. 基因工程制药. 北京：化学工业出版社

林剑. 1984. 介绍遗传学的一个新分支——免疫遗传学. 遗传，6（4）：41-43

龙友国，黄文强，余跃生，等. 2010. 中国 56 个民族 ABO 血型分布. 国外医学医学地理分册，31（1）：22-25

唐艳平. 2003. 医学遗传学. 武汉：湖北科学技术出版社

腾大洪，郑虹. 2014. 肝肾联合移植进展. 实用器官移植电子杂志，2（6）：378-382

徐华，彭进，刘孟黎. 2004. ABO 血型基因研究进展. 临床输血与检验，6（1）：77-80

张贵寅. 2001. 人类红细胞血型抗原的遗传. 中国实用妇科与产科杂志，17（10）：593-594

第九章　优生与优育

曾经严重威胁人类健康的传染病、营养性疾病等随着医疗卫生事业的发展已经得到有效控制，发生率在不断下降，但是遗传病依然是一个棘手的难题，不仅发病率高，而且难以治愈。另外，出生缺陷或先天畸形也呈上升的趋势。例如，我国新生儿出生缺陷率，1996 年为 8.7‰，2010 年上升到 14.9‰，增长了 71.3%。遗传病和先天畸形是影响人口整体遗传素质的重要因素。因此，提倡并积极开展优生与优育是一项十分重要的工作。

第一节　人类出生缺陷

出生缺陷（birth defect）也称为先天畸形（congenital malformation），是指胎儿出生前就已经存在的结构或功能异常。其中有些异常可在出生时表现，有些则在出生后一段时间逐步呈现。

一、出生缺陷的发生方式

人类受精卵含有个体发育的全部遗传信息。受精卵细胞经过多次的细胞分裂和分化，形成具有不同形态结构和功能的组织、器官和系统。如果在个体发育过程中的某一环节或步骤发生差错或受到干扰，就会引起胚胎发育异常，从而导致各种畸形的发生。

（一）不发育

不发育是指在胚胎发育过程中，形成某个器官的原基组织不存在，或缺乏相邻组织或前体组织，使原基组织不发育，结果使某个器官或躯体部分缺陷，甚至器官的整体缺失。例如，无臂、无肾、无肢或缺肢畸形等。

（二）发育不全

发育不全是指由于某一器官发育不全而导致器官局部的畸形，如小头、小眼、软骨发育不全、小颌等。

（三）发育受阻

发育受阻是指器官发育中途停止，器官呈中间状态。

1. 不合并

有些器官在发育过程中要进行合并，如果合并过程受阻，就会导致器官畸形，如唇裂、腭裂、无脑、脊柱裂、室间隔缺损等。

2. 不分裂

有些器官在发育过程中要进行分割。例如，手和脚在发育过程中，要逐步分割，分别形成 5 个手指和 5 个脚趾，如果该过程受阻，就会出现并指（趾）畸形。

3. 抑制迁移

有些器官在发育过程中要发生迁移而定位于特定部位，如果这个过程受阻，器官就会停留在异常部位而引起畸形，如隐睾、低位耳、肾异位等。

4. 暂时性结构的保存

一些在胚胎发育过程中暂时出现的结构不萎缩退化，继续保留，如肛门闭锁、蹼状指（趾）等。

（四）发育过度

发育过度常由器官或器官的一部分增生过度所致。例如，在房间隔形成期间第二隔生长过度而引起的卵圆孔闭合或狭窄、多指（趾）畸形等。

（五）错误迁移

例如，卵巢迁移至外生殖器，甲状旁腺迁移至胸部等。

（六）返祖遗传

返祖遗传是指在胚胎发育过程中重现祖先的器官，如肺的奇叶、多毛症（图 9.1）等。

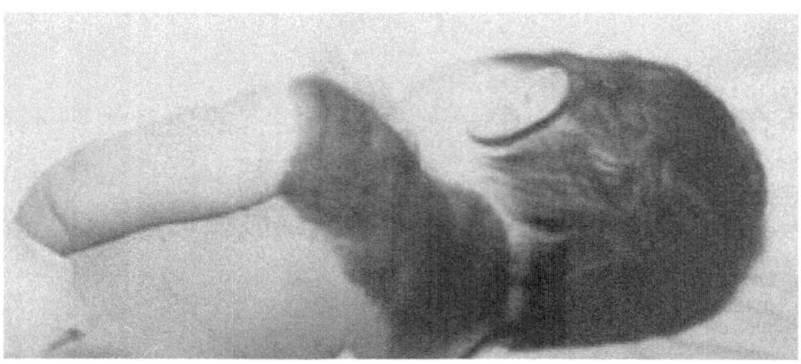

图 9.1　多毛症患者

二、出生缺陷的发生原因

出生缺陷的原因比较复杂，有些与遗传因素相关，有些与环境因素有关，有些则是遗传因素与环境因素共同作用的结果。

（一）遗传因素

1．染色体畸变

染色体畸变引起的出生缺陷的发生率高达5%。脑和性腺对染色体异常十分敏感，有染色体畸变的个体，常发生智力发育不全和不育。染色体数目变异是胎儿死亡的主要因素。

2．基因突变

约20%的出生缺陷是基因突变引起的，包括单基因突变和多基因突变。有些单基因突变的畸形会出现一因多效现象。例如，由单一显性基因导致的尖头并指（趾）畸形，不仅有头颅的异常，也有四肢的畸形。先天性心脏病、唇裂、腭裂、马蹄内翻足、脊柱裂等则是多基因引起的畸形。

（二）环境因素

包括物理、化学、生物及父母的不良嗜好等因素在内的多种环境因素均会导致出生缺陷。

1．化学因素

工业“三废”，农药，除草剂，汞、铅等重金属离子，多环芳烃类，碳氢化合物，烷基化合物，苯类化合物，黄曲霉素，某些食品添加剂，食品工业中的亚硝酸盐等许多化学物质均有致畸作用。在严重化学污染区内，无脑儿、畸形儿、痴呆儿等的发病率明显升高。

（1）金属离子

铅、铝、汞等金属离子对胚胎发育有多种不良影响。例如，铅能引起流产，同时对胎儿神经系统有损害，与胎儿小头畸形有明显的剂量关系；频繁接触含铝化合物对生殖细胞有致畸作用，孕妇要慎用铝制药物及铝制炊具；有机汞可致胎儿先天性脑病，甲基汞可导致神经元损害和细胞丧失。

目前，我国区域农业环境恶化与农产品受重金属污染现象十分严重，特别是在一些经济发达地区。据不完全统计，我国受到镉、砷、铅、铬、汞等重金属污染的耕地近2000万hm^2，约占总耕地面积的1/5。

（2）石油化工毒物

石油化工行业点多面广，产业结构复杂，产品多样。油田主要产品包括各类原油、天然气等；炼油主要产品包括汽油、柴油、煤油、沥青、石油焦等；化工主要产品有乙烯、丙烯、丁二烯、苯、甲苯、丙烯腈、苯酚等。据报道，接触乙二醇醚可导致胎儿唇裂等发生率上升；丙烯腈、二甲基酰胺、丁二烯、苯酚、汽油等对女性生殖机能均有危害，并能致畸；孕妇CO中毒，可致胎儿脑损伤或四肢畸形。

（3）农药

农药是指用于预防、消灭或者控制为害农业、林业的病、虫、草和其他有害生物，以及有目的地调节植物、昆虫生长的化学合成物，或者来源于生物、其他天然物质的一种物质或者几种物质的混合物及其制剂，包括杀虫剂、杀菌剂、除草剂、杀螨剂、杀线虫剂、灭鼠剂、除霉剂、植物生长调节剂等及它们的残留物。频繁接触农药对孕妇及胎儿的损害是多方面的，除可导致出生缺陷发生率增加外，还会使死胎、死产、围产儿死亡率增加。例如，有机磷（农药）中毒，可导致胎儿多种畸形。

（4）药物

多种药物，包括抗生素、激素、镇静剂、避孕药等都能导致胎儿畸形。例如，庆大霉素、链霉素、四环素、奎宁、氯喹、氯霉素、灰黄霉素等可致畸；磺胺类药对胎儿有致畸作用；孕早期接触雌激素，婴儿心脏出生缺陷率明显升高；安眠药可能导致骨骼、心脏、肾、神经及泌尿生殖系统缺陷。有些药物如果过量使用，也会对胚胎造成不利影响。例如，大剂量的阿司匹林具有致畸作用；维生素A过量可使胎儿骨骼畸形、脑畸形或发生先天性白内障；维生素D过量会导致胎儿或新生儿血钙过多，发生主动脉及肺、肾动脉狭窄及智力发育障碍；维生素B长期较大剂量服用，可造成胎儿短肢畸形和感觉性周围神经病。

药物对胎儿的影响程度，取决于胎儿发育的时期、药物剂量、持续用药的时间、药物通过胎盘的速度及器官对药物的敏感性。整个怀孕过程一般分为三期：1～3个月为第一期，4～7个月为第二期，8个月至分娩为第三期。药物对第一期的影响主要引起畸形，对第二期及第三期的影响主要引起功能性障碍，特别是肝脏及神经系统。怀孕第18～60天是致畸的敏感期，高峰在第30天左右。

2. 物理因素

各种放射线、高温、噪声、微波、超声波、机械性损伤等均有致畸性。大量研究表明，放射线可影响妊娠，主要对胎儿发育有不良影响，会引起胚胎或胎儿发育缺陷、畸形、白血病、恶性肿瘤以至死胎。有资料显示，由于医疗或其他原因，在宫内受到辐射的胎儿，出生后10～15年恶性肿瘤或白血病的发病率明显升高；微波辐射可导致胎儿染色体畸变；超声波可使某些动物子代神经免疫等系统发育不良，从而出现先天性疾病；高温、高噪声环境可导致胎儿畸形。

3. 生物因素

生物因素主要包括多种致病性病毒、原虫和螺旋体。对胎儿影响较大的病毒有引起风疹、流感、麻疹、水痘、天花、肝炎等十多种疾病的病毒。风疹病毒可引起急性呼吸道传染病，一年四季均可发生。孕妇感染风疹病毒后，可导致以胎儿畸形、死胎、早产等先天性缺陷为主的先天性风疹综合征，还可以影响神经系统等其他系统。流感是由流感病毒引起的急性呼吸道传染病，孕妇感染流感病毒可致胎儿唇裂、中枢神经异常，甚至可增加儿童恶性肿瘤的发生率。人类的肝炎病毒至少有5种，即甲、乙、丙、丁、戊型肝炎病毒，分别引起甲、乙、丙、丁、戊型病毒性肝炎。孕妇感染肝炎病毒可导致流产、早产、死产或新生儿窒息，个别可发生先天性肝炎。所以孕妇应尽量避免感染上述病毒，在感染后要在医生的指导下给予及时合理的治疗。胎儿出生后应及时接种疫苗，使其获得免疫力。

解脲支原体感染可造成自然流产、死胎和出生缺陷率的升高；怀孕早期感染弓形属寄生虫会出现流产、死胎，以及无脑儿、小头、小眼、先天痴呆、先天性耳聋等多种出生缺陷。猫、狗是这种弓形虫的主要携带者，所以孕妇最好不要接触猫、狗或猫粪、狗粪。

4. 嗜好因素

吸烟、酗酒等不良的嗜好同样会对胎儿产生不良影响。

（1）吸烟

香烟燃烧时产生的烟雾中含有 750 多种对人体有害的化学物质，主要是尼古丁、氰化物、一氧化碳、煤焦油等。这些有害物质可以通过胎盘进入胎儿体内，引起胎儿发育迟缓、流产、早产、先天畸形和出生时体重下降，使围产期死亡率升高，并使后代有致癌的风险。早在 1957 年，美国人就发现孕妇吸烟对胎儿有害。如果孕妇每天吸烟 10 支以上，可导致胎儿发育迟缓，使胎儿和胎盘都小于胎龄，称为“小样儿”（1985 年命名为烟草综合征）。据统计，孕妇每天吸烟量在 20 支以下，胎儿出生前后死亡率为 20%，20 支以上则为 35%，而且使先天性心脏病发生率增加 1 倍。父亲吸烟同样会对胎儿产生不利影响。两位外国学者观察了 5200 次妊娠后发现，婴儿严重先天性畸形的频率随父亲吸烟量的增加而增加，每天吸烟 0 支、1～10 支和 10 支以上的父亲，后代严重先天性畸形的发生率分别为 0.8%、1.4%和 2.1%。

（2）酗酒

1978 年有人报道，孕妇酗酒引起“胎儿酒精中毒综合征”（1973 年正式命名），主要表现为：小头、小眼裂、小下颌，心脏畸形，皮纹异常，关节发育异常，生长发育迟缓等。饮酒过量的孕妇分娩出畸形儿的可能性达 30%。由于一些人常在周日休息时大量饮酒，当晚又正好受孕，由此生下的缺陷儿被特称为“星期日婴儿”。

苏联科学家鲍达格维奇的研究证实，男子大量饮酒后，精液中有 70%的精子发育不全，如果受孕，将有 26%的胎儿出现先天畸形。乙醇同样会引起女性的生殖机能损伤，导致卵子异常。饮酒对胎儿的影响已逐渐被人们重视。

（三）遗传因素与环境因素的相互作用

遗传因素决定生物对各种环境的反应。但是，遗传只是提供了性状发生的可能性，这种可能性只有在一定的环境条件下才能成为现实。生物的表型是遗传因素和环境因素共同作用的结果，其中遗传因素是内因，环境因素是外因。一种出生缺陷可以有许多病因，一种病因也可以形成多种缺陷。例如，先天性白内障可由风疹病毒、21 三体综合征、半乳糖血症等 20 多种疾病所致，就风疹病毒而言，可以导致先天性心脏病、白内障、智力低下、耳聋等多种缺陷。环境致畸因子通过引起染色体畸变或基因突变而导致出生缺陷，而胚胎的遗传特性决定和影响胚胎对致畸因子的易感程度，在致畸因子作用下是否发生畸形，结果如何，除了遗传因素之外，还取决于多种因素。

（1）孕妇对致畸因子的感受性

不同个体因其遗传组成不同，对各种致畸因子的敏感性也存在差异。

（2）胎儿的发育阶段

不同发育阶段的胚胎对致畸因子的感受性有着明显的差异，大致可以分成以下 3 个阶段。①最大毒性期，受精后的第 1～2 周。致畸因子作用于这个时期的胚胎时，可能有两种结局：i. 致畸因子较弱，只使少数细胞受害，胚胎的调整潜力使已损失的细胞得以补偿，不至于出现异常；ii. 致畸因子较强，胚胎的全部细胞或大部分细胞遭受破坏，引起胚胎死亡。约有 50%的妊娠便是终止于这个阶段。因为这个时期的胚胎很小，停经天数也少，通常未能被孕妇发现，实际上的“流产”却被当成过了期的“月经”。②敏感期，第 3～8 周。此期是细胞高度分化时期，大部分致畸因子对胚胎都高度有效，能在这些高效致畸因子作用下产生许多缺陷。在同一时期内，体内各器官系统对致畸因子的敏感性可能各有差异（图 9.2）。③低敏感期，自第 3 个月至出生。胚胎发育至第 8 周时，其长度虽仅 40mm，重量也仅为 2～2.7g，但 90%的器官系统已形成，上下肢芽已出现，外形已似人样。自第 3 个月开始已进入胎儿期，此期长达 7 个月，各器官系统的分化已渐趋完善，对致畸因子的敏感性迅速下降，但小脑、大脑皮质和泌尿生殖系统还在不断地分化，故在这些结构中有一些仍保持着对致畸因子的敏感性。

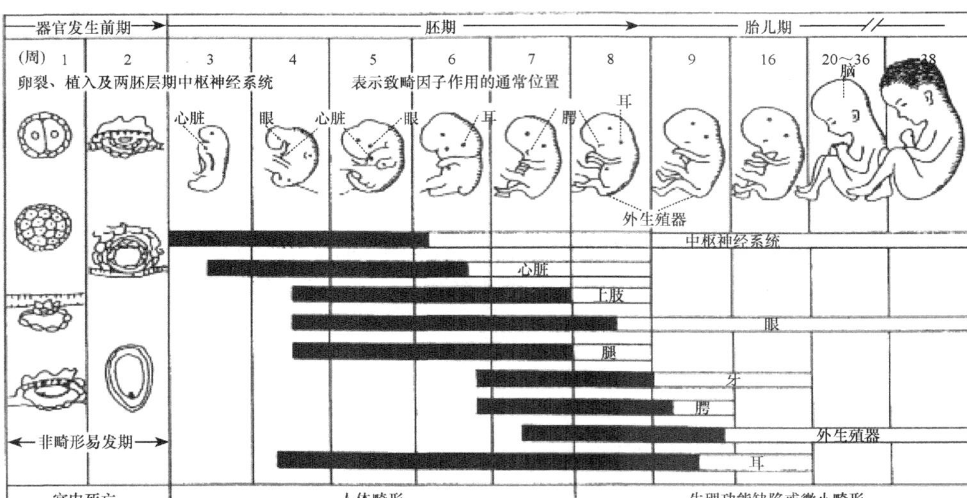

图 9.2　人胚胎主要器官的致畸敏感期

（四）致畸因子的作用机制

致畸因子种类繁多，作用机制复杂，有的以 DNA 为靶，有的不以 DNA 为靶。前者包括基因突变和染色体结构变化，后者主要指染色体数目的改变，包括整倍体变化和非整倍体变化（详见第三章）。不同的致畸因子因作用机制不同，引起的出生缺陷也不相同，有生长发育延迟、畸形或功能缺陷甚至死亡等。

一次（或短期）大剂量接触所引起的急性毒性与小剂量长期接触所引起的慢性毒性相比，不仅会有损害程度方面的差别，还在作用部位和作用的性质方面有很大的不同。致畸因子的损伤与剂量相关，通常是剂量越大，毒性越大。

第二节　优　生　学

优生学是应用遗传学的原理和方法，研究并改善人类的遗传素质，防止出生缺陷，提高人口质量的一门科学。优生学的主要理论基础是人类遗传学，它的主要目标和任务是限制和消除进化过程中可能出现的各种不利于人类生存的遗传基因，改善和维护具有积极意义的遗传素质，使后代在体能和智力上都得到不断增强。

一、优生学的形成与发展

“优生学”（eugenics）的概念是英国博物学家高尔顿（Francis Galton，1822—1911）于 1883 年提出的，源于希腊语，其本意是“优美、健康”，引入英文则为“健康的遗传”（healthy heredity）或“健康的出生”（well-born）。高尔顿当时给“优生学”的定义为在社会控制下能改善或削弱后代种族（遗传）素质的动因。这种遗传素质既包括体格，也包括智力。

虽然优生学作为一门独立学科的时间并不长，但是优生的思想和实践有着极其悠久的历史，从优生意识的形成到优生学作为一门学科正式诞生，其发展历程可以划分为三个主要阶段。

（一）优生学的前科学阶段

从人类诞生到 19 世纪 80 年代。在原始社会及在少数比较原始的地区，就有处死生下时有显著残疾的婴儿的风俗习惯，这就是一种原始的优生意识。人类从原始社会的群婚制进化到专一婚配后，逐渐形成了直系血亲不准通婚的习俗，限制或禁止近亲结婚。例如，罗马帝国皇帝狄奥多西一世严令禁止表亲结婚，违者将被判罪或处死。进入有文字的历史阶段之后，人类的优生思想就以各种方式在文化典籍中表达出来并流传下来。例如，古希腊哲学家柏拉图在《理想国》一书中指出，选择配偶和生育年龄对后代健康有影响。我国古代社会极度鄙视父女、母子、舅甥女、叔侄女之间的婚配，并称之为“乱伦”，同时也不允许同胞兄弟姐妹和堂兄弟姐妹之间通婚。《左传》中有“男女同姓，其生不蕃”的记载，这里的同姓应理解为血缘关系较近，这说明人们已经认识到近亲结婚的后代往往不易存活和繁育。《大戴礼记·本命》中有“世有恶疾不取”的说法等。这些都反映了有关优生学的早期思想和措施。

（二）优生学的半科学阶段

从 19 世纪 80 年代到 20 世纪 40 年代。19 世纪，西方国家的工业革命促进了自然科学的快速发展，著名生物学家达尔文在大量的科学考察和研究的基础上提出“物竞天择，适者生存”的进化学说之后，人们很快就意识到人类作为生物之一，也同样受大自然的选择而进化。作为达尔文的表弟，高尔顿自幼就受到进化论的影响，在系统地运用家谱分析法（pedigree analysis method）和双生子研究法（twin method）的基础上，于 1883 年正式提出“优生学”的概念，创造了“eugenics”这个词，这是优生学作为一门独立学科出现的标志。优生学作为一门新兴学科，首先在欧洲国家广为传播，并逐渐为全世界学者所接受。

但是，由于早期的西方优生学者的历史局限性和遗传学知识的缺乏，过分地强调了人类智力的遗传，他们宣传种族有优劣，将阶级差别与遗传相联系，曾经使优生学走上歧途，造成了优生学发展史上抹不掉的阴影。

（三）优生学的科学阶段

从 20 世纪 50 年代到现在。第二次世界大战结束后，种族主义的伪科学受到了广泛的批判，清除了一度严重沾染优生学的伪科学成分，优生学走上了正确的发展轨道，重新受到重视并得到了迅速发展。20 世纪 60 年代，美国遗传学家斯特恩（Curt Stern，1902—1982）提出将优生学分为预防性优生学（preventive eugenics）和演进性优生学（progressive eugenics）。预防性优生学主要研究降低人类群体中有害基因的频率，减少出生缺陷的发生率；演进性优生学则是研究优良基因的繁衍，如何生育优良的后代。

随着分子生物学、人类遗传学、细胞遗传学、发育遗传学、畸形学、环境医学，特别是产前诊断技术和遗传咨询的发展，现代优生学的范围也在不断扩大，已经不局限于只考虑下一代的遗传素质，还要防止各种非遗传性的先天疾病，乃至产伤等来保证下一代的生物素质。优生学的发展进入了新的科学阶段。

二、正优生学及其主要优生措施

正优生学或演进性优生学，主要研究如何维持和促进人群中有利（优良）基因的频率，使后代中出现更多在智力和体力上优秀的个体，促进优秀的个体繁衍。

（一）提倡优选生育

鼓励具有优良遗传素质的个体生育更多的后代，劝说遗传高风险个体不留子女或少留子女。像近亲、男女双方都是精神分裂症或狂躁抑郁性精神病的患者、双方家系中三代内患有相同的隐性遗传病的个体、患有相同的常染色体隐性遗传病的个体之间都是不宜结婚和生育的。

（二）人工授精

人工授精（artificial insemination，AI）是收集丈夫或自愿献精者的精液，用人工注射的方法在女方排卵期的前后注入阴道深处、子宫颈口、宫腔内，以达到受孕目的的一种生殖技术。使用丈夫精液的人工授精称为夫精人工授精（artificial insemination with husband's sperm，AIH），用自愿献精者提供的存于精子库的精液进行的人工授精称为供精人工授精（artificial insemination by donor's sperm，AID），两者的原理与技术基本相同。

早在 1790 年，Hunter 为严重尿道下裂患者实行夫精人工授精获得了成功的妊娠；1844 年，Pancoast 报道了第一例供精人工授精获得成功；1953 年，Bunge 和 Sherman 首次报道用干冰冷冻保存人精液 6 周后，使用冷冻精液人工授精获得成功，世界首例冷冻精液人工授精婴儿于 1954 年出生。用于储存精子的一套设施叫作精子库或精子银行，在精子库中储备有各种智力、身体及外貌良好，本人及家庭均无遗传病的可供选择的优秀精子。1981 年，我国首个人类精子库在湖南医科大学建立，1983 年 1 月 16 日，中国首例人工授精婴儿在长沙诞生。

目前，人工授精技术已经得到了比较广泛的应用，仅仅在美国，每年就有 5000～10 000 名人工授精婴儿诞生。人工授精主要用于男性不育患者、男性显性遗传病患者、夫妇同为隐性遗传病基因携带者及 Rh 血型不合者的家庭，不仅可以使男性不育的家庭获得后代，而且可以降低有缺陷后代的出生。但是，人工授精涉及社会、伦理、法律、道德等问题，必须在严格的管控下实施，要确保每个供精者的精液获得的妊娠数不得超过 5 次，以免互不知晓的同父异母子女之间的婚配而造成的严重遗传和社会问题，另外要永久秘密保存供精者的相关身份和健康状况资料，以备接受授精者和人工授精所生后代查阅，但不可告之供精者的姓名。

（三）试管婴儿

用促性腺激素进行卵巢刺激后，在超声波指导下使用腹腔镜将已成熟的卵子从腹腔内取出，将其移入试管或培养皿中并与 100 000～200 000 个精子混合，在组织培养的条件下，培育 70h 左右，使卵受精并发育至幼胚（4～8 个细胞）阶段，再将胚胎移植到未来母亲的子宫内，让其着床发育成胎儿。由于早期的体外受精及受精卵的培育是在试管或在特制的培养皿内进行的，故称为“试管婴儿”（test tube baby）。但是，试管婴儿的名词实际上并不确切，因为体外受精的胚胎需要移植到女性的子宫才能最终发育成个体，因此应该称为体外受精及胚胎移植(*in vitro* fertilization and embryo transfer，IVF-ET），包括促排卵、取卵、体外受精和体外培养、胚胎移植4个阶段（图9.3）。

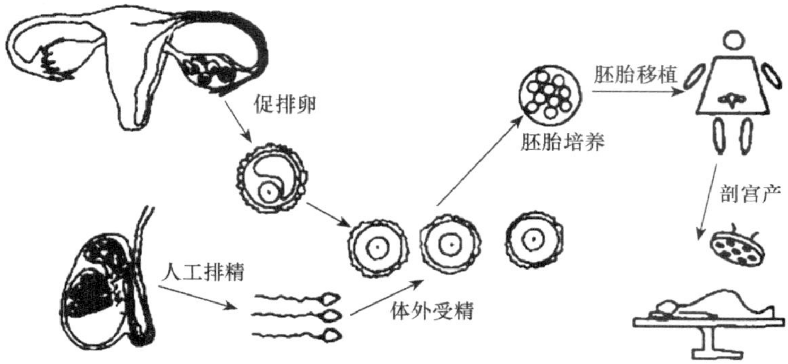

图 9.3 “试管婴儿”诞生示意图

IVF-ET 技术适用于女方双侧输卵管闭塞无法进行手术修复或手术失败，而患者子宫内膜及其对脑垂体激素的反应正常者；也可用于精子密度过低、精子活力差或精液量少者；或者是宫颈因素和免疫因素所致的不孕等情况。所用的精子或卵子，或者精子和卵子，可以来自于夫妻双方，也可以由精子库或卵子库提供。因此，对于丈夫正常、妻子是遗传病患者，或者夫妻双方都是遗传病患者的家庭，可以从精子库或（和）卵子库获得健康的配子，通过 IVF-ET 技术生育健康的后代。

图 9.4 第一例试管婴儿

早在 1959 年，美籍华人张民觉就将 36 个体外受精兔卵植入雌性兔的子宫中，有 15 只小兔出生；1971 年，开始对人类做试验；1978 年 7 月 25 日，在英国曼彻斯特郊外的奥尔德姆总医院剖宫产下人类历史上第一个试管婴儿（图 9.4），其出生时只有 2.61kg，是受精后两天将 8 核胚囊期植入宫内的；1980 年，美国正式设置门诊开展试管婴儿业务；1988 年 3 月，北京大学第三医院较早报道了试管婴儿的诞生。IVF-ET 已经成为治疗不育症和优生的常规手段。

（四）单性生殖

单性生殖又称无性生殖（asexual reproduction），是由单个生物体不经过受精过程而直接繁殖后代。选择一个优良个体作为亲本，将其体细胞的细胞核（$2n$）取出，移入去核的未受精卵中，该卵细胞经过刺激后再移入母体子宫，让其发育成与亲本类似的新个体；单性生殖的另外一种策略是对体细胞进行特殊处理，使之具有和受精卵细胞一样的全能性。从生物学的角度看，单亲生殖可以避免双亲婚配后遗传物质的混杂，有利于健康优良基因的传递，也是优生的一种手段。

无性生殖在低等的原生动物、无脊椎动物和低等脊椎动物中十分常见，但是大多数植物、动物包括人类在长期进化过程中形成了有性生殖（sexual reproduction）的生殖方式。人类的生殖需要父亲和母亲双方遗传物质的结合，单性胚胎是不能发育成为后代的。

1997 年 2 月，英国罗斯林研究所科学家维尔穆特（Wilmut）宣布，他所领导的研究小组利用克隆技术，从一只成年母羊的乳腺细胞成功克隆出一只与该羊完全一致的小绵羊，取名为“多莉”（Dolly）（图 9.5）。这是世界上第一个采用成年动物的体细胞培育的哺乳动物，标志着高等动物单性繁殖的研究取得了重大进展。因此，这一消息传出后，不仅在全世界的自然科学界中引起了轰动，也在全球社会范围和各国政府内引起了极大的反响和争论，人们担心：是否会在不久的将来出现克隆人？

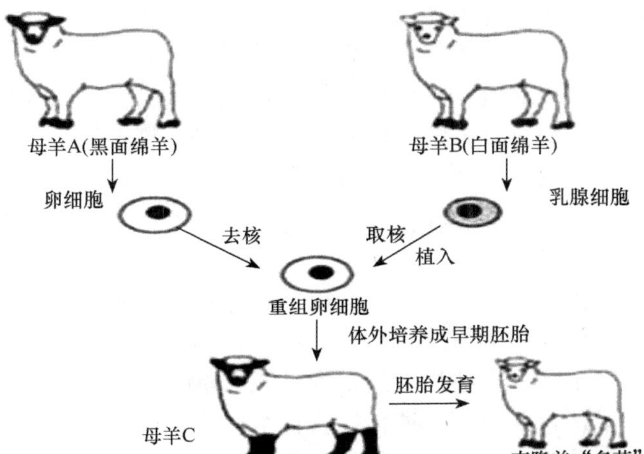

图 9.5　克隆羊的繁育过程

克隆的英文为“clone”，源于希腊文，意思是“生物的无性繁殖系”，也就是说克隆个体的遗传物质全部来自于一个生物体，其基因型与亲本完全一致。

所以，为了保护人类的遗传多样性，维护人类的尊严，应该禁止克隆完整的人。但是，克隆技术的发展，无疑会给人类的生存与健康带来好处。例如，在临床实践中许多患者需要移植器官来挽救或延长生命，但是每个人的器官数量都是有限的甚至是唯一的（如心脏、大脑等），从而极大地限制了器官移植工作的开展。随着克隆技术的发展，人们就有可能通过克隆技术制造人类器官来满足临床器官移植的需要。

（五）遗传工程

通过工程技术的手段，对遗传病患者的缺陷基因进行修复或替换，使遗传病得到矫正或根除（详见第四章和第六章）。

三、负优生学（预防性优生学）及其主要优生措施

负优生学是研究如何减少劣生的科学，即降低群体中有害基因的频率，减少乃至消除遗传病或先天缺陷儿的出生。负优生学不仅涉及生物学、遗传学、人类学等众多自然学科，还与政体、国情、民族风俗、宗教、伦理等社会科学有着密切的联系。

虽然人类基因组的测序工作已经完成，但是人类的遗传奥秘还远未被破译。例如，人类基因组有多少个基因、人类有多少种基因、哪些基因与人类的疾病相关、各基因在染色体上的准确位置等仍然不清楚，因此人们对遗传病的认识还很有限，加上技术发展水平的限制，人们还很难通过演进性优生措施来达到优生的目的，而预防性优生是积极消除遗传病的有效策略。即使在人类基因组得到完全破译、社会经济条件和医学科学水平高度发展的情况下，预防性优生学仍将具有重要的现实意义，因为通过预防性优生学措施，可以及早地发现和干预，避免不良个体的产生，从而防止有害的遗传基因在人群中扩散。

预防性优生学的内容广泛，主要包括下列几个方面。

（一）在人群中普及有关遗传病的知识

遗传病是染色体变异或基因突变等遗传物质变化引起的疾病，发病率高，据估计遗传病在人类群体中的发病率高达 20%～25%，而且呈逐年上升的趋势。遗传病对人类的危害很大，有些患者出现痴呆或严重畸形，导致生活不能自理，给家庭和社会带来了严重的负担。遗传病会传给后代，在家族中垂直传递，引起家族性异常。人类遗传学研究表明，每个人都携带数量不等的遗传病基因，我国人群平均每人至少携带 5 种与遗传病相关的基因，因此，每对夫妇都有生育遗传病患儿的风险，如何有效预防遗传病的发生是每个人面临的重大课题。但是，由于对遗传学知识的缺乏，对遗传病危害性的无知，对环境与人类健康的密切关系认识不足，本来可以预防或避免的遗传伤害频频发生。所以，要实现对遗传病的有

效控制，降低人群的遗传负荷，就必须大力开展优生与优育的宣传与教育，普及遗传病的知识，使优生工作变成人们的自觉行为。

（二）检测确定遗传病携带者

遗传病携带者表型正常，但带有致病遗传物质（详见第六章）。这类个体传播遗传病的风险非常高，查出遗传病携带者并采取相应的预防措施是降低后代遗传风险的重要措施。

（三）避免近亲结婚

近亲结婚是指血缘关系相近的个体的婚配。近亲婚配子女的体质明显下降，体重减轻，身材变矮。另外，近亲婚配的流产率、新生儿及婴幼儿的死亡率等均高于非近亲婚配，近亲结婚者的子女死亡率为 81‰，非近亲结婚者的子女死亡率为 24‰。堂、表兄妹结婚，怪胎、自然流产、遗传病的发病率明显提高，有的病种可高出 150 倍。精神分裂症、糖尿病、先天性心脏病、无脑儿、脊椎裂等多基因遗传病患者，如果进行近亲婚配，其子女患病的风险也高于非近亲婚配。

近亲结婚之所以有害，是因为父母的基因是一代一代地垂直传递的，因此亲缘关系越近，带有相同遗传基因的可能性越大。有些遗传病，只有当父母都有共同的“致病基因”而且“相遇”时，后代才能发病。在一般的婚配关系中，这种“相遇”的机会很少。但近亲结婚的夫妇所携带的相同基因比较多，这种相遇的机会明显增加。父母和亲生子女之间，同胞兄弟姐妹之间有 1/2 的基因相同；祖孙之间，伯、叔、舅、姑、姨与内外侄女、侄甥之间有 1/4 基因相同；堂兄弟姐妹、姑表、姨表兄弟姐妹之间有 1/8 的基因是相同的；表叔、舅与侄女、甥女之间有 1/16 的基因相同，其表堂兄妹之间有 1/32 的基因相同。相同基因越多，致病基因相遇的机会就越多，遗传病的发病率就越高。隐性遗传病杂合体间的婚配，是生育患儿最主要的来源。因此必须劝阻两个杂合体间的婚配。在尚无条件进行杂合体检测时，则应尽量避免近亲结婚。

（四）提倡适龄生育

女性从月经初潮到绝经前都可以生育。但一个人的性成熟并不意味着全身各器官系统都已经发育成熟。女性从初潮到生殖器官基本发育成熟一般是 13～18 岁，但身体其他器官完全发育成熟要到 23 岁之后，尤其是神经系统和骨骼系统。过早生育，使年轻的女性不但要承担营养胎儿的繁重任务，还要继续完成自身的发育过程，往往会导致孕妇自顾不暇，胎儿发育不良，难产、早产、流产和胎儿畸形的发生率较高。另外，过早生育对年轻夫妇的学习和工作及对子女的教育与培养都是不利的。

推迟生育年龄也不是越晚越好。过晚生育既不利于母亲健康，也不利于优生。人类卵细胞的发育是漫长而且不连续的过程。在 3 月龄的女性胚胎的胚胎性卵巢中，大量卵原细胞就开始分化为初级卵母细胞，进入减数分裂Ⅰ前期，终止在减数分裂Ⅰ前期中的双线期，一直保持到性成熟发生排卵之前。这段时间长达十几年至四十多年，称为停顿期 1；进入青春期后，在性激素的调节下，每一个月经周期有一个停止在减数分裂Ⅰ双线期的初级卵母细胞恢复减数分裂过程，分裂成一个次级卵母细胞和一个极体，次级卵母细胞接着进入减数分裂Ⅱ经过减数分裂Ⅱ的前期停留在减数分裂Ⅱ的中期，随着成熟的卵泡细胞一起排出卵巢，进入输卵管；如果次级卵母细胞在输卵管中 12h 内未遇到精子，则不再继续分裂而蜕变消失，若遇到精子，则在精子的激发下从减数分裂Ⅱ的中期进入后期和末期，形成一个成熟的卵细胞并释放出一个极体。将 12h 内遇到精子之前的这段时间称为停顿期 2（图 9.6）。如果女性生育年龄越大，卵细胞在体内从发生到成熟经历的时间就越长，在体内受多种因素作用的时间就越长，染色体不分离、行为迟滞而

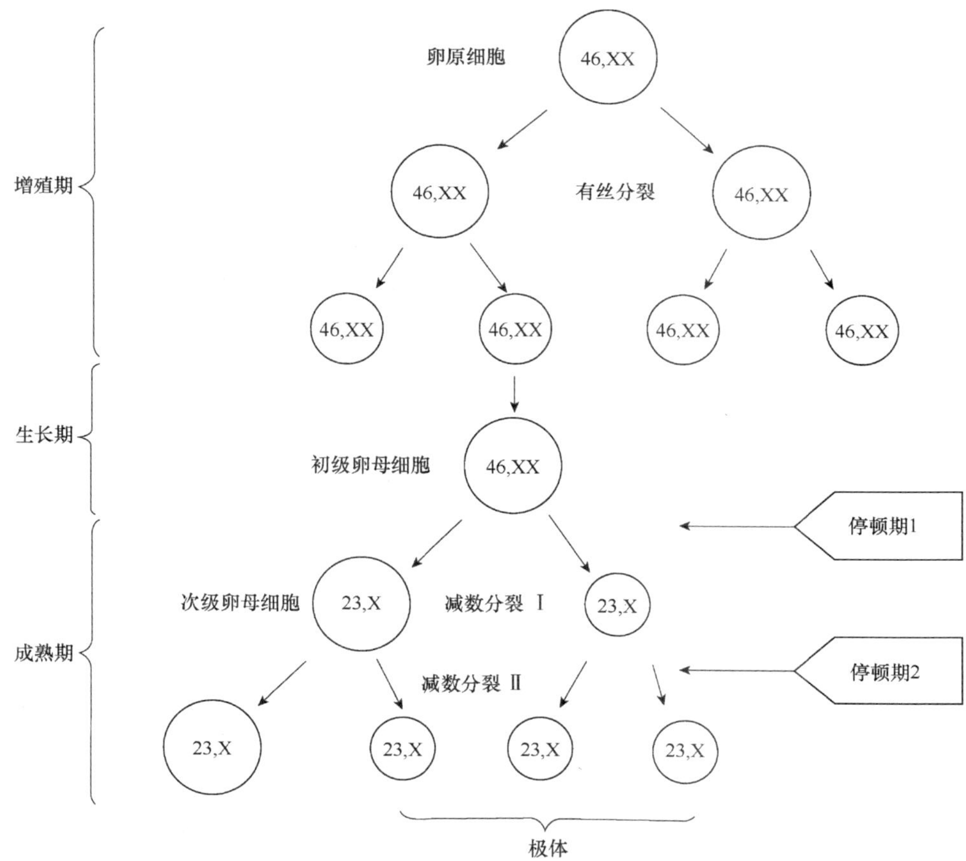

图 9.6　人类卵细胞的产生

丢失的可能性就越大，由此导致胎儿畸形、智力低下、死胎等染色体疾病发病率升高。据资料统计，年龄为 35～39 岁和≥40 岁的妇女，生育染色体疾病患儿的危险率分别为 1.3%和 3.9%。年龄小于 20 岁的妇女与年龄为 35～39 岁的妇女相似。20 岁以下的母亲生出先天畸形的发生率比 25～29 岁组高 50%，35 岁以上的母亲，生出先天愚型患儿的发生率要比 25～29 岁母亲高 5 倍，40 岁以上者则高出 10～15 倍。

另外，产妇年龄过大，子宫的收缩力和阴道的伸张力都较差，分娩困难，容易发生大出血和难产，妊娠并发症及胎儿损伤和死亡率都会增加。男性生育年龄过大，精子的基因突变率和染色体畸变率也相应增加，精子的质量和数量都得不到很好的保证，对胎儿的健康也非常不利。因此，适龄生育对父母和子女双方都是有利的。合适的生育年龄要兼顾产科生理、优生和人口控制三方面因素。一般认为，妇女生育比较合适的年龄是 24～29 岁，男子则是 26～30 岁。

（五）开展遗传咨询

遗传咨询是咨询医生和咨询者就某种遗传病在一个家庭中的发生、再发风险和防治所面临问题给予指导的全过程。通过遗传咨询与检测可以避免或减少遗传病患者的出生率，提高人群遗传素质和人口质量，减少家庭和社会负担。

1. 遗传咨询的对象

并不是每对夫妇都要遗传咨询，但如果出现下列情况之一者，则需要进行遗传咨询，以避免或减少后代的遗传风险：①曾生育过先天畸形儿的夫妇；②曾生育过先天性疾病或家族中有遗传性疾病患者；③本人或家族中有先天性智力低下者；④有原因不明的流产、死胎、死产史者；⑤三代以内近亲结婚的夫妇；⑥一方或双方有遗传性疾病的夫妇；⑦性腺发育不全或两性畸形；⑧原发闭经或不明原因的继发闭经者；⑨年龄在 35 岁以上的孕妇；⑩妊娠早期接触过致畸因素者。

2. 遗传咨询的程序

遗传咨询包括如下主要步骤。

（1）病案登记

详细询问病史、婚姻史、家族病史、生育史及致畸因素等，并做好记录。

（2）检查与诊断

根据患者的症状和体征，建议患者做辅助性检测和必要的、有针对性的实验室检查，包括一般体检、妇科及有关专科的检查等。

（3）估计发病风险

根据病史、家族史及检查、检验结果做出诊断，患者是否患有遗传病？是哪种类型的遗传病？根据不同的遗传病类型估计再发风险。

（4）提出处理和指导意见

根据遗传病患者的不同情况提出指导方案。如果是高风险人群，必须进行产前诊断；如果是遗传病基因携带者或染色体平衡易位患者可以进行移植前基因诊断（preimplantation genetic diagnosis，PGD），这是在试管婴儿技术基础上出现的第三代“试管婴儿”，精子和卵子在体外结合形成受精卵并发育成胚胎后，在其植入子宫之前进行基因检测；如果是近亲则要禁止结婚；如果夫妇同是隐性遗传病（如白化病）患者，则不能生育，或采取辅助生殖措施。

（5）扩大的遗传咨询

为了更有效地预防遗传病在整个家族中的发生和传递，咨询医生要主动追溯家族中其他成员是否患有该病，特别要查明家属中的遗传病携带者，以更好地扩大预防效果。

（6）随访

为了确定咨询者提供信息的可靠性，观察遗传咨询的效果，咨询医生要对咨询者进行随访，提供咨询的效果。

3. 遗传咨询的类型

（1）婚前咨询

婚前咨询对优生与优育具有重要意义，因为父母健康是子女健康的基础和保证，通过咨询了解双方的生理条件，确定是否适合结婚。在婚前通过家族史的调查和身体检查，可以及早地发现遗传病及遗传缺陷，以便得到针对性的指导。例如，若双方为直系血亲或三代内旁系血亲，可明显增加遗传病、先天畸形、智力发育缺陷及流产的发生率，应禁止结婚；若双方有患麻风、严重痴呆或精神病，生活不能自理，并且有高度的遗传性者，则应说服其不要结婚；有些疾病患者生活可以自理，但下一代会有严重缺陷，应劝其婚前绝育；若男方或女方生殖器官发育异常，则需婚前治疗或矫正，以免婚后增加家庭和社会的不安定因素。另外，婚前咨询可以使未婚的男女青年了解性和生育知识，过好婚后生活，安排好生育计划。

（2）孕前咨询

通过咨询，安排理想的受孕时刻，保证孕期母胎的健康。例如，如果女方患有慢性病，应积极治疗，待疾病得到控制、身体能够胜任妊娠负担或不具有传染性时再受孕。如果长期接触对胎儿有毒性的物质，长期服用某些药物或由于职业原因长期接触某些化学物质，都应当在受孕前一段时间避免接触这些物质。因为这些物质会影响卵子或精子的发育，或可以蓄积在体内对胎儿产生毒性作用。

（3）产前咨询

产前咨询主要是根据家族成员、夫妇或已生育子女的健康状况，以及孕期接触射线、服用药物等情况，对未出生胎儿的健康状况和遗传风险进行咨询和评估（详见第六章）。

（4）一般遗传咨询

一般遗传咨询是就自身的健康情况、遗传风险等广泛议题进行咨询（详见第六章）。

（六）产前诊断

产前诊断（prenatal diagnosis）又称为宫内诊断（intrauterine diagnosis）或出生前诊断（antenatal diagnosis），是对胚胎或胎儿在出生前是否患有某种遗传病或先天畸形做出准确的诊断，从而防止有严重遗传病、智力障碍及先天畸形的患儿出生。

随着遗传学、医学、分子生物学等学科的发展，产前诊断的技术也在不断发展与创新。目前，主要采取如下检测方法进行诊断。

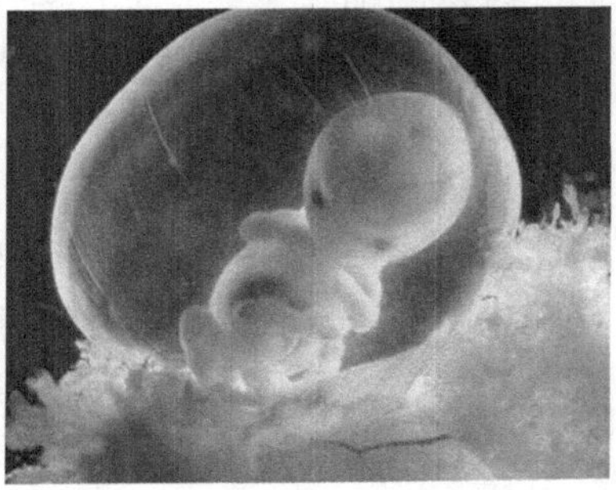

图 9.7 羊膜囊内的胎儿

1. 羊膜穿刺

卵子受精后的几天内，胚胎附着在子宫壁上，被包在一个薄壁的囊（即羊膜囊）内发育（图 9.7），囊中慢慢地充满主要由胚胎组织和随后的胎儿组织所分泌的液体，称为羊水，其中还有一些胎儿脱落细胞。羊膜穿刺（amniocentesis）技术就是抽取羊膜囊内的羊水，进行细胞学检查或生化分析。

在做穿刺之前，用 B 超对胎儿定位，并在腹壁标记穿刺位置（图 9.8）。为了抽取羊水中较多的胎儿脱落细胞，抽羊水前孕妇翻身数次，使羊水细胞泛起，然后平躺。腹部严格消毒后，在耻骨上 4 横指左右垂直进针，一般进针 7～8cm。拔针后孕妇稍躺卧休息就可以回家，在两周内避免房事。一次穿刺成功率大约为 90%，如果第一次失败，相隔一周再进行第二次穿刺。双胞胎的孕妇抽羊水诊断，穿刺时需分清两个羊膜腔，可在第一个穿刺后注入刚果红（congo red）做标记，再向另一个羊膜腔穿刺，获得无色羊水为成功。另一种方法是在超声波监视下先后对两个羊膜囊做穿刺检查。

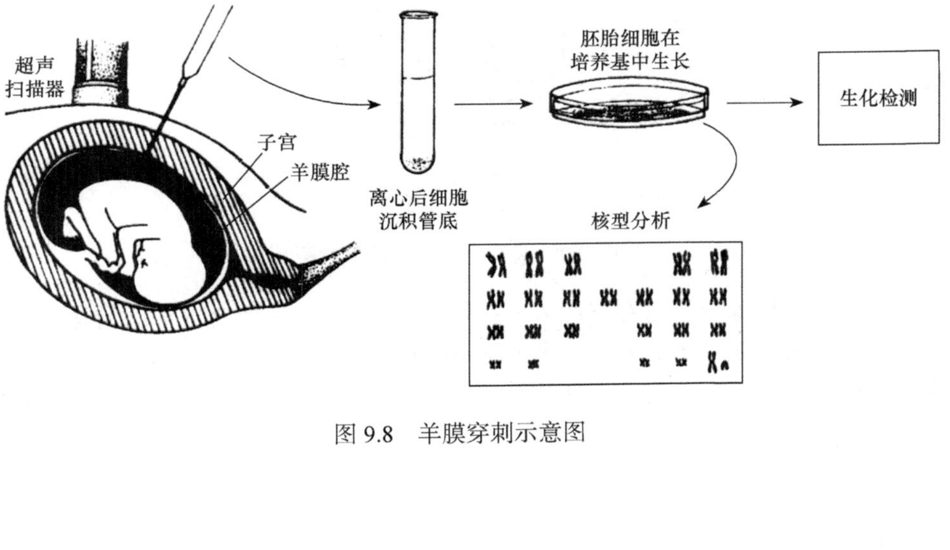

图 9.8 羊膜穿刺示意图

穿刺时间的选择对胎儿的安全、检查的效果及后续的处理等都非常重要。若抽取羊水的时间过早，不但穿刺困难，而且羊水细胞过少，培养不易成功；若时间过晚，羊水中胎儿脱落细胞虽多，但活性细胞较少，而且胎儿过大，容易刺伤胎儿，如果发现胎儿有问题，再进行人工流产就为时过晚。一般认为妊娠 16～20 周(以末次月经开始日算起)做羊膜穿刺最合适。因为 16 周时，羊水量约为 170ml，18～20 周时可以达到 500ml，在此期间羊水以每周 50～100ml 的速度增长，这时胎儿脱落的细胞较多，羊水活性细胞量最高，羊水多，胎儿小，周围有较宽羊水带，进针不易刺伤胎儿，若要人工流产，对母体的伤害也比较小。

2．滋养层细胞检查

滋养层是指在胚胎发育中形成的，直接包围在胚胎周围的羊膜、绒毛膜、绒毛、胎盘等组织。这些组织也是受精卵分裂、分化形成的，细胞的遗传结构与胎儿相同，因此可用于对胎儿的产前诊断。滋养层细胞的采集方法主要有两种。

（1）绒毛吸取术

绒毛吸取术（chorionic villi aspiration）是用特制塑料或金属管从阴道经宫颈进入子宫，再沿子宫壁到达胎盘，用内管吸取绒毛组织（图 9.9）。在 B 超指示下抽吸胚囊周围的绒毛，可以提高取材和体外培养成功率，降低流产率。绒毛抽吸量为 10～30mg，在绒毛组织中含大量处于分裂期的细胞，可直接或经培养后进行测定分析。

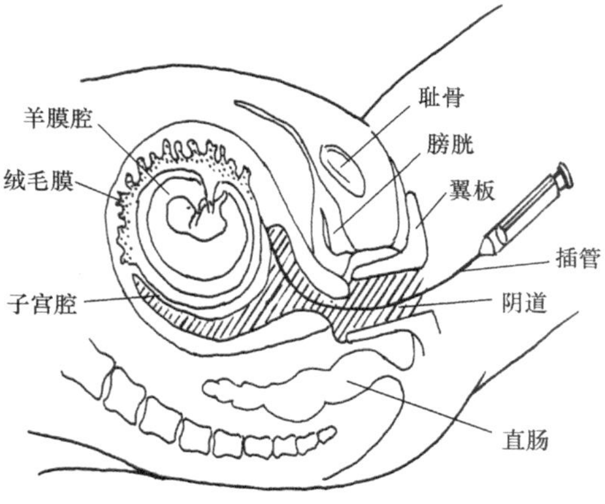

图 9.9　绒毛吸取术取样示意图

绒毛组织细胞分析可在妊娠 6～7 周进行（也有人主张在 8～12 周进行），因为胚胎在子宫着床后 5 周建立早期胚胎血循环，8 周后与基蜕膜相连的叶状绒毛膜参与形成胎盘，而与包蜕膜相连的平滑绒毛膜开始衰退。因此，在 8 周后抽吸的平滑绒毛膜难以培养。

（2）通过腹壁穿刺胎盘，采集绒毛组织，经培养后进行染色体分析；或采集胎盘血，检查血红蛋白病

对羊水中的胎儿脱落细胞、绒毛细胞等进行细胞遗传学、生物化学、DNA 等检测与分析，可以判断胎儿是否畸形或存在遗传缺陷，最大限度地降低后代的遗传风险。细胞遗传学诊断在产前诊断中最常用。以羊水中胎儿脱落细胞、绒毛细胞等为材料，对胎儿的染色体或性染色质进行检查，以确定胎儿是否患有染色体病或鉴定 X 连锁遗传病的胎儿性别。确定胎儿的性别和疾病情况，有利于进行选择性流产（selective abortion）。例如，血友病是 X 连锁的隐性遗传病，如果孕妇为血友病携带者，可知女胎表型正常（其中 50%为杂合体），但男胎是患儿的概率为 50%。在无条件确定胎儿是否是患儿时，最好仍进行男胎流产，最大限度地防止遗传病患儿的出生；应用生物化学技术测定羊水、绒毛、孕妇血清和尿等某些酶的活性或某些代谢产物的水平，可以确定胎儿是否患有遗传性代谢病、分子病和激素异常等。例如，甲胎蛋白（α-fetoprotein，AFP）、游离绒毛膜促性腺激素β（free human chorionic gonadotropin β，free-HCGβ）、妊娠相关血浆蛋白 A（pregnancy-associated plasma protein A，PAPP-A）、乙酰胆碱酯酶（acetylcholinesterase，AchE）、17α-羟孕酮（17α-hydroxyprogesterone，含量与肾上腺异常有关）、甲状腺素（thyroxine）等的测定可以初筛开放性神经管畸形或缺陷、先天愚型、地中海贫血和异常血红蛋白症等遗传性疾病；以羊水细胞、绒毛细胞等为研究材料，进行 DNA 分析，特别适用于常规诊断方法无法取材或确诊的情况。

3. 仪器诊断

利用 X 线或超声波（A 型超声、M 型超声、B 型超声和超声多普勒仪）、计算机断层成像（CT）、磁共振、胎儿镜等方法观察胎儿的外部形态及骨骼、心脏等内部结构是否正常。B 型超声仪具有无创伤、效果好的优点，现已普遍使用。

四、优生学的研究领域

根据优生学的发展和研究内容，优生学的研究包括基础优生、临床优生、环境优生和社会优生四大领域。

（一）基础优生

基础优生（basic birth health）主要从生物学和基础医学方面开展优生学研究，弄清导致出生缺陷的因素、发病机制、防治方法和检测手段等。基础优生研究的范围很广，涉及人类遗传学、医学遗传学、分子生物学、毒理学、胚胎学、畸形学、遗传病流行病学、实验生物学等众多学科。

（二）临床优生

临床优生（clinical birth health）主要从临床医学角度对优生措施展开研究。

其包括预防性优生和演进性优生两大类。预防性优生着重研究劣生的表现、诊断和相应的治疗、预防等。通过婚前、孕前、围产期、分娩时的监护和服务及绝育、人工流产和中期引产等手段，尽可能减少劣生儿的出生。一旦劣生儿出生以后，则通过药物、体疗、心理治疗以及外科手术矫形、基因工程的修复、替换基因等治疗，减少劣生对人类的危害。演进性优生则是通过体外受精、建立精子库和卵子库等措施以保证后代的健康。

（三）环境优生

环境优生（environmental birth health）是研究各种有害环境（物理性、化学性、生物性）因素对生殖过程、胚胎/胎儿发育及胎儿出生后生长发育的影响，研究、制订和评价环境有害因素发育毒性和危险度的方法，提出保护母体健康及胎儿正常发育与出生后健康成长的卫生标准和相应预防对策的一门学科。随着工业化的发展与原子能的和平利用，在造福人类的同时，环境污染已成为严重公害，“三废”排放量逐年上升，“三致”（致畸、致突变、致肿瘤）大大增加了人类的遗传负荷，加上生态学、环境科学的发展，环境优生不断被赋予新的内容，并显示越来越重要的实际意义。

（四）社会优生

社会优生（social birth health）主要从社会科学和社会运动方面对优生课题进行研究。目前的关键内容包括产前诊断、医学助孕、人工流产、基因治疗等优生措施的法律、道德等方面，以及以社会为单位的优生工程建设。人类的优生是一项社会目标，它是通过个体的优生来实现人类群体遗传素质的提高，因此必须优生立法、贯彻优生政策、开展优生宣传，使优生工作群众化、社会化，才能在群体水平上实现优生的社会目标。

总之，优生是一项复杂的综合工程，涉及家庭、社会、伦理、法律等诸多方面。让健康的、优秀的基因得到更多的繁殖机会，逐步改善人类基因库的品质，使人类的体力和智力不断增强，这种优生思想从生物学角度看是合理的，也是必要的。但是由人构成的社会群体与畜群有着本质的不同，人种的改善不同于牲畜优良品种的培育，任何无视人的社会性而实行的择优授精，都是违背伦理学，也是行不通的。优秀的基因并不容易都能从表型推断，“天才”的后代并不都是“天才”，即使知道某些家族的基因是比较好的，也不能包办婚姻。虽然现代科学技术已经能对某个特定基因进行编辑和改造，但是人类的任何基因的改良包括基因治疗都必须遵循严格的法律规范和伦理道德。

第三节 优　育

优生的目标是减少或根除各类遗传病，使后代具有优良的遗传素质。但是要成为一个优良的个体，仅有好的遗传基础是不够的，还要注意孕期保护及婴儿的抚养教育，即优育。优育与优生是相辅相成的系统工程。优生是强调“生”得“优”，优育则是强调“育”得“优”。这就好比种庄稼要想获得高产，除了需要优良的品种之外，还需要根据品种的要求，采取合理的栽培措施和田间管理措施，使良种的优秀品质得到充分展现。优育的研究包括优境学、优形学和优心学。

一、优境学

人体的发生与发育可大致分成妊娠前和妊娠后两个阶段，不同阶段都受到环境的影响。在妊娠前阶段，有害的环境因素可影响精子和卵子的质量，导致生殖细胞的染色体畸变或基因突变，影响优生；妊娠后阶段包括胚胎发生期、器官形成期和胎儿期，这些时期尤其是器官发生期对致畸因素非常敏感，必须重视这个阶段的保健与防范。

优境学（euthenics）主要研究如何在受精以后，改善孕期、婴儿期及青少年期的外部条件，以保证个体的体格和智力的发展。其主要内容包括：孕期医学、围产期医学、幼儿和儿童的保健和教育工作等。

在妊娠期间，母体内的环境对胎儿的发育有着直接的影响。各种化学因素、物理因素和生物因素均可导致死胎、畸形或自然流产（详见本章第一节），因此必须重视孕期护理，为胚胎的发育提供健康的内部环境。

孩子出生后，要根据不同发育阶段，采取相应的优育措施。其主要包括：坚持母乳喂养；保证小儿营养摄入，注意辅食的添加，合理地喂养；定期对小儿进行体格检查（包括身高、体重等各项指标）；进行计划免疫（包括结核、百日咳、破伤风、白喉、脊髓灰质炎、麻疹等）以预防传染病；要防止婴儿期贫血、佝偻病、营养不良等。除此之外，还要加强小儿的早期教育，给孩子提供良好的学习环境，培养孩子良好的性格和加强道德品质的教育，父母要以身作则，做好榜样，使孩子的身心都得到健康的发展。

二、优形学

优形学（euphanics）通过改善和控制人体的生长发育过程，使表型更趋完善。同时，运用最新的医疗手段，包括药物和手术来治疗遗传病或矫正有缺陷的表型。例如，用激素改善第二性征发育不良，睾丸女性化患者可切除隐睾，家族性多发性结肠息肉症患者可切除肠息肉，唇裂、腭裂修复等。

三、优心学

优心学（eupsychics）通过教育学和心理学，使人类的潜能得到更好的发展。一方面使孕妇在孕期保持良好的心理状态，以保证胎儿的健康发育；另一方面则致力于培养婴幼儿的良好心理素质。

现代医学证明，人类的精神状况将影响机体的生理过程，有意识和无意识的心理活动如情绪、思维、记忆、想象等都能影响体内平衡与适应能力，因此孕妇应保持愉快的心情。从这种观点出发，应该避免未婚生育或婚外生育。未婚怀孕或婚外怀孕，孕妇心理压力很大，精神负担沉重，忧心忡忡而茶饭无趣，这不仅对孕妇的健康不利，更重要的是使胎儿得不到充足的营养，导致先天不足，发育不良。另外，如果由于种种原因不能生下所孕育的孩子，只好做人工流产来终止妊娠，这不仅给女性的身心带来严重创伤，还会造成许多并发症或后遗症，如盆腔感染、子宫出血或损伤、月经不调、闭经、继发不育等。

除了保证孕妇在怀孕过程中保持良好的心理状态外，优心学还要研究怎样培养幼儿有健全的心理状态和良好的心理素质，无论是家庭、学校还是社会，都要重视婴幼儿乃至青少年的心理发展和精神健康。广义的优育工作也包括良好的家庭教育、学校教育和社会教育。

总之，只有把优生与优育相结合，才能使人口素质不断提高。

第四节　人类基因组计划与人类后基因组计划

人类基因组是人类所有遗传信息的总和。人类基因组计划（Human Genome Project，HGP）旨在阐明人类基因组的大小、组成、结构和基因定位，从而破译人类全部遗传信息。

一、人类基因组计划简介

1986 年 3 月，美国生物学家、诺贝尔奖获得者杜尔贝科（Renato Dulbecco）在 *Science* 上发表了题为“肿瘤研究的转折点——人类基因组的全序列分析”的短文，指出包括肿瘤在内的人类疾病的发生，都直接或间接地与基因相关，因此他提出：要么“零敲碎打”（piecemeal approach）各自寻找感兴趣的基因，要么测定人类的整个基因组序列，并且阐述了人类基因组研究的必要性和艰巨性，指出这样的工作应该成为国家级的和国际性的项目。该文被认为是后来启动的人类基因组计划的标书。

1988 年，美国成立“国家人类基因研究中心”。人类基因组计划于 1990 年 10 月 1 日正式启动，拟定用 15 年时间，至少投入 30 亿美元，对人类全基因组进行分析。英国、法国、日本、德国和中国先后加入人类基因组计划，并且进行了细致的分工，各自承担了相应的工作任务，其中美国完成 54%、英国 33%、日本 7%、法国 3%、德国 2%、中国 1%。经过美、英、日、法、德、中 6 国 1000 多名科学家的通力合作，2000 年 6 月 26 日绘制了人类基因组的草图。2001 年 2 月 12 日，中、美、日、德、法、英 6 国科学家和美国 Celera 公司联合公布了人类基因组图谱及初步分析结果，人类基因组由 31.647 亿个碱基对组成，含 3 万～

3.5 万个基因。2003 年 4 月，上述 6 国完成了人类基因组序列图。2004 年 10 月，国际人类基因组测序联合体在 *Nature* 上发表了论文，人类基因组计划的所有目标全部实现。

我国的人类基因组研究是 1994 年正式启动的，以国家自然科学基金重大项目“中华民族基因组若干位点基因结构的研究”的立项为标志。在上海张江高新技术产业开发区和北京经济技术开发区分别成立了国家人类基因组南、北两个中心。1998 年 4 月，中国科学院在遗传与发育生物学研究所内成立“人类基因组中心暨北京华大基因研究中心”，至此我国人类基因组研究进入集约化、规模化、产业化阶段。1999 年 7 月，中国科学院遗传与发育生物学研究所人类基因组中心暨北京华大基因研究中心代表中国在人类基因组测序参与者索引（HGSI）注册，同年 9 月，在第 2 届国际人类基因组战略会上，正式确认和划分了中国承担人类基因组测序的工作区域和工作量，即 3 号染色体短臂自 D3S3610 标志至端粒（ter）区段约 3000 万个碱基对（30Mb）的全序列测定，简称其为“1%测序任务”。2008 年 11 月 6 日，世界著名的科学杂志 *Nature* 以封面文章的形式，向世界科技界介绍了中国科学家在基因科学方面的最新成就：独立自主地完成了第一个中国人基因组序列图谱（定名“炎黄一号”）的绘制和分析工作。

二、人类基因组计划的意义

人类基因组研究的目的，不是为了单纯地积累数据，而是要揭示大量数据中所蕴藏的内在规律，从而更好地认识和保护生命体。随着人类基因组计划的进行，像肥胖、哮喘、糖尿病等复杂的多基因病的病因被不断揭示，相关基因的克隆也不断取得成功；分子药物促进疾病诊断，能更快地诊断出有遗传易感性的疾病，合理制订用药方案，诊断的快速和专一使很多疾病能够在早期被发现和治疗；很多疾病的病因将被揭开，药物将会设计得更好，治疗方案更能“对症下药”，精准医疗最终将成为现实；生活起居、饮食习惯有可能根据基因的情况进行调整，人类的整体健康状况将会提高；利用基因治疗治愈遗传病等更多的疾病将成为可能；通过控制人体的生化特征，人类将能够恢复或修复人体细胞和器官的功能，甚至改变人类的进化过程等。

人类基因组计划为其他生物的基因组研究提供了成功范例，极大地推动了农作物和家禽、家畜等生物基因组研究。人们可以利用基因改良果蔬品种，提高农作物的品质，更多的转基因动植物、转基因食品将逐步走向市场，植物疫苗不久也将面世。已有的和潜在的对基因组研究的应用使政府能对分子药物应用、废弃物管理、环境保护、生物技术、能源及风险评估等方面的需求进行分析。通过对基因组多样性和表达调控网络的研究，将完成生命周期组的制作，揭示进化、发育和脑功能的奥秘。

然而，对人类遗传学和基因组学的不断认识，也会给人类和社会带来一系列的新问题。例如，隐私权问题，合理使用遗传信息问题，围绕遗传学研究的伦理问题，专业和公共教育问题，就业和保险问题，遗传学和基因组学对各种哲学、神学、法学、伦理学及种族概念的相互作用问题等都将变成大众关心和敏感的问题，从而使得人们的观念发生根本的改变。

三、人类后基因组计划

人类基因组是一部大型的“生命天书”，有人测算过，假如每秒读 10 个字，要连续不断地读 11 年才能读完这部天书。通过对人类基因组的测序与分析，科学家已经获得了人类大量的遗传信息，拥有了一张接近完整的人类基因组图谱，但是呈现在我们面前的人类基因组全序列仍然是一本遗传结构的“天书”，有太多的奥秘需要人们去揭示。例如，虽然人与人之间的个体差异较大，但 99.99% 的基因密码是相同的，而且发现来自不同人种的人比来自同一人种的人在基因上更为相似；人与其他很多生物基因的同源性也很高，如与果蝇和酵母的同源性分别达到 61%和 46%。因此，就完全理解人类基因系统而言，绘制出基因组草图只是第一步。

HGP 完成后，积累了大量不知道任何功能信息的序列，进一步要做的工作就是继续发展能对大量的基因进行功能分析的方法，对基因功能进行大规模分析，这就是通常所说的人类后基因组研究。基因的功能研究是人类后基因组研究的关键，也是对功能基因加以开发利用研究的基础。人类后基因组计划主要包括下列主要方面。①基因克隆。在人类基因组的庞大序列中蕴含哪些信息，人类基因组中有多少基因，这些基因的位置和相互关系如何等都要进行鉴定和注释。②基因组多样性研究。人类因基因的相似性而成为人类，又因多样性而成为具体的人。多样性研究重点在两个方面：一是族群基因组即群体多样化的研究，二是由来自一个人的“代表性基因组”，深入到每一个个体的基因组。③cDNA 计划。人类基因组中不同基因是在不同时期表达的，在不同组织细胞中表达的基因类型也是不同的，因此才有发育的阶段性和不同组织的分化。cDNA 计划的目标是建立人体组织在不同时期、不同基因的不同表达“目录”，即人体基因表达的时空图。这一计划意味着从基因组研究到表达系列研究的转变。④蛋白质组研究。蛋白质组（proteome）是指某一物种、个体、器官、组织、细胞乃至体液在精确控制其环境条件下，特定时刻的全部蛋白质表达图谱。蛋白质组学的研究可望提供精确、详细的有关细胞或组织状况的分子描述。因为诸如蛋白质合成、降解、加工、修饰的调控过程，只有通过蛋白质的直接分析才能揭示。蛋白质组计划意味着从研究基因的结构向研究基因产物的结构与功能的转变。⑤细胞计划。基因在细胞内的表达受到严密的调控，各基因在功能上相互影响、相互关联。所以，在阐明以基因为核心的生命物质的本质后，需要以信号转导为主线，阐明发生在细胞中一切生命现象的奥秘，这就是“细胞计划”的基本设想。19 世纪 50 年代，生物学从细胞水平深入分子水平是生命科学的一次飞跃，今天的生物学从分子水平再次上升到细胞水平将是更高层次的又一次飞跃。

思考题

1. 解释名词：先天畸形、优生学、优境学、优形学、优心学、遗传咨询、试管婴儿、胚胎移植、遗传病携带者、基因组、蛋白质组。
2. 如何区别遗传病、先天性疾病和家族性疾病？
3. 何谓先天畸形？先天畸形是怎样产生的？
4. 优生学的发展经历了哪些阶段？请简述各阶段的主要优生思想和优生措施。
5. 简述优生学的主要研究领域。
6. 谈谈你对优生工作重要性的认识。
7. 你认为克隆人会取得成功吗？谈谈你对克隆人研究工作的看法。
8. 请查阅相关资料，谈谈试管婴儿技术的重要意义和应用价值。
9. 优育包括哪些内容？
10. 试述优生与优育的关系。
11. 请从优生与优育角度谈谈环境保护的重要性。
12. 人类基因组计划的主要内容和主要目标有哪些？
13. 我国在人类基因组研究中取得了哪些主要成就？
14. 谈谈人类基因组计划的意义。
15. 人类后基因组计划有哪些主要设想？

主要参考文献

程罗根. 2005. 人类遗传学. 南京：南京师范大学出版社
程罗根. 2015. 人类遗传学导论. 北京：科学出版社
程罗根. 2018. 遗传学. 2 版. 北京：科学出版社
方宗熙. 1980. 略谈优生学. 遗传，2（3）：48-49
贺林. 2000. 解码生命——人类基因组计划和后基因组计划. 北京：科学出版社
侯波. 2014. 20 世纪上半叶美国优生运动的历史轨迹. 医学史研究，35（7A）：86-89
胡劲松，党娜娜，黄辰，等. 2005. 国际人类基因组单体型图计划. 国外医学遗传学分册，28（3）：129-132
况花荣，王小丽. 2010. 人类辅助生殖衍生技术. 科技信息，11：32
雷瑞鹏，冯君妍，邱仁宗. 2019. 对优生学和优生实践的批判性分析. 医学与哲学，40（1）：24-29
马云彤. 2003. 人类基因组计划及后基因组研究概论. 西安联合大学学报，6（2）：104-107
潘凯元. 2012. 遗传与优生学基础. 北京：科学出版社

石淳，王慧峰. 2008. 人类基因组计划概述. 内蒙古民族大学学报，14（2）：44-46
吴旻. 1980. 关于优生学. 遗传，2（3）：40-42
肖君华. 2004. 优生优育的伦理思考. 中国矿业大学学报（社会科学版），1：47-52
肖亮. 2004. 优生学与优生措施. 生物教学，29（2）：37-40
岳仓锁. 2008. 优生学的波折史话. 科学教育，14（6）：53-54
曾长青. 2003. 人类基因组单体型图计划及其“中国卷”. 世界科技研究与发展，25（6）：24-27
张慰丰. 2001. 优生学发展述评. 南京医科大学学报（社会科学版），1：54-58
张寅，伍琼芳. 2012. 人类辅助生殖技术的临床研究进展. 国际生殖健康/计划生育杂志，31（2）：108-114
左伋. 2001. 医学遗传学. 4版. 北京：人民卫生出版社
Wu TD. 2001. Bioinformatics in the post-genomic era. Trends Biotechnol，19（12）：479-480

第十章　保护遗传学

遗传和变异是生物界普遍存在的两大现象。通过变异，不断产生新的性状和新物种，生物不断进化；通过遗传，变异得到积累，使生物具有多样性。遗传和变异是新物种形成的基础。自然种群遗传和变异的量与种群的数量呈正相关，所以要保持种群的遗传稳定和种群质量，需要维持一定规模的种群数量。保护遗传学（conservation genetics）是应用遗传学的原理和方法，研究生物多样性中的遗传多样性及对其保护的新兴学科。

第一节　保护遗传学概述

随着人口的快速增长，人类经济活动的不断加强，盲目利用自然资源，大面积砍伐森林和延伸农业耕地等社会行为，使森林减少、草原退化、水土流失、土地沙漠化、自然灾害加剧等，已经严重地毁坏了自然资源和生态系统的平衡，使许多野生动植物因受到不同程度的胁迫而仅残存于片段化的生境之中。由于种群隔离、基因交流中断及严重的近亲繁殖，许多物种已处于濒危的境地。据估计，由于人为因素及环境变化，生物灭绝速率比历史上的自然灭绝速率高 1000 倍。目前世界上许多物种都面临着灭绝的危险，现有物种的灭绝速率是化石记录的 4～5 倍，全世界每天约有 75 个物种灭绝，每小时约有 3 个物种灭绝。因此，最大限度地保护自然环境，保护野生生物，是人类迫在眉睫的共同任务，一门新的学科——保护生物学（conservation biology）应运而生。

一、保护生物学的发展及保护遗传学的兴起

从 20 世纪 50 年代开始，随着世界经济高速发展，城市化浪潮席卷全球，人类对自然资源的开发和对自然界的改造与日俱增，人类活动造成生境退化，全世界面临着人口爆炸、资源短缺、能源危机、粮食不足、环境污染的挑战。人与环境之间的矛盾也日益突出，经历千百万年发展起来的生物群落正在被人类的活动所破坏，科学家和广大民众都渐渐意识到我们正生活在一个动植物物种空前大量灭绝的时代。生物物种的灭绝对人类和地球都是可怕的灾难，保护生物多样性成为保护自然或保护地球的一个重要部分。于是人们发出了“保护野生动植物就是保护人类自己”的呼声，保护生物学作为一门论述全世界生物多样性面临严重丧失的危机的科学应运而生。1937 年，Errington 和 Hamerstrom 在描述对环颈雉（*Phasianus colchicus*）的保护时首

先使用了“保护生物学”这个名词。当时其主要是指对有经济价值的兽类和鸟类等狩猎动物（game species）的保护。20 世纪六七十年代，保护范围扩大到全部物种，人们不再仅仅关注经济物种的保护。1968 年在英国创办了第一本保护生物学杂志 *Biological Conservation*。70 年代后期，“保护生物学”一词经常出现在文献中。1978 年，在美国的圣地亚哥召开了第一届国际保护生物学会议。1980 年，Sulè 和 Wilcox 首次出版了保护生物学专著《自然保护生物学：进化生态学展望》，对保护生物学进行了理论阐述。1985 年的第二届国际保护生物学会议时，成立了国际保护生物学协会，并决定创办 *Conservation Biology* 杂志，这是保护生物学的第二本旗舰刊物，该杂志于 1987 年创刊。1990 年，中国科学院成立了生物多样性工作组。1993 年，《生物多样性》创刊。1994 年，中国政府颁布了《中国 21 世纪议程》和《中国生物多样性保护行动计划》。

（一）保护生物学的学科概念

保护生物学是应用科学（技术）解决由人类干扰或其他因素引起的物种、种群、群落和生态系统问题的新途径，其目的是提供生物多样性保护的原理和工具。保护生物学确认保护所面临的问题，建立修正秩序，为解决保护问题的“纯”科学和管理间架起一座桥梁。

（二）生物多样性

生物多样性（biodiversity）是指地球上所有生命形态和相关生态过程的总和，包括植物、动物、微生物和它们所拥有的基因及由这些生物与其生存环境形成的复杂生态系统和自然景观。生物多样性包括三个主要层次，即遗传多样性、物种多样性和生态系统多样性。

1. 遗传多样性

遗传多样性（genetic diversity）或称基因多样性（gene diversity），广义上是指地球上所有生物携带的遗传信息的总和，也就是各种生物拥有的多种多样的遗传信息。狭义的遗传多样性主要是指种内个体之间或一个群体内不同个体的遗传变异。遗传多样性是生物多样性的重要组成部分。同一种群不同遗传差异的个体形成了种群内的遗传多样性；而各种群的随机遗传漂变、自然选择和其他原因又造成各种群间的遗传差异，即某些种群具有另一些种群不具有的特殊等位基因，或不同种群拥有不同的等位基因频率。因此种群内和种群间的遗传多样性构成了物种遗传多样性。

任何一个物种或一个生物个体都保存着大量的遗传基因，一个物种所包含的基因越丰富，它对环境的适应能力就越强。遗传多样性增加，则进化潜力增大，保持物种和整个生态系统的多样性，减缓灭绝过程；遗传多样性丧失，则适应环境能力降低，威胁物种生存，加快灭绝过程。所以遗传多样性是生物多样性的重要组成部分，是物种多样性和生态系统多样性的基础。

2. 物种多样性

物种多样性是指地球上动物、植物、微生物等生物种类的丰富程度。物种多样性包括两个方面：一是一定区域内的物种丰富程度，可称为区域物种多样性；二是生态学方面的物种分布的均匀程度，可称为生态多样性或群落物种多样性。物种多样性是生物多样性的关键，是衡量一定地区生物资源丰富程度的一个客观指标。地球上的生物超过500万种，已命名的有200多万种。中国是生物多样性特别丰富的国家之一，高等植物的丰富程度仅次于巴西和哥伦比亚，哺乳类动物499种，约占世界种数的11%。

任何物种，只有具备一定的遗传多样性才能抵御自然界中的各种生存压力，否则灭绝将是不可避免的。

3. 生态系统多样性

生态系统是指在一定空间中共同栖居着的所有生物与其环境之间由于不断进行物质循环和能量流动而形成的统一的整体。

生态系统多样性主要是指生态系统组成、功能的多样性及各种生态过程的多样性，其包括生境的多样性、生物群落和生态过程的多样化等诸多方面。生境的多样性是形成生态系统多样性的基础。

（三）保护遗传学的兴起

遗传学特别是分子遗传学在保护生物学研究的各个层次，包括个体水平和生态系统水平都起到极其重要的作用。研究物种的遗传与变异不仅能够了解该物种的进化历史，而且能搞清楚其遗传多样性的现状。只有在弄清物种的进化历史、遗传结构和遗传多样性现状的前提下，才能够制定出切实可行的保护策略，否则任何物种保护措施的实施，都不会取得实质性的成效。濒危物种保护对策的制订必须将遗传因子和环境因子结合起来考虑。随着保护生物学和分子遗传学的不断发展和相互渗透，在20世纪70年代形成了保护遗传学这个分支学科，到80年代后期保护遗传学已经成为具有很强理论框架和不断发展壮大的热门学科。

二、保护遗传学的主要研究内容

保护遗传学主要研究与灭绝风险相关的遗传因素，以及如何利用遗传学管理方法降低物种灭绝风险，是保护生物学和分子遗传学的交叉学科。保护遗传学的主要研究目标是保护物种遗传多样性（genetic diversity）和保持物种进化潜力（evolutionary processes）。因此其研究内容主要包括种群遗传结构（population genetic structure）、近亲繁殖（inbreeding）、遗传变异（genetic variation）、基因流（gene flow）、杂交（hybridization）、迁移（migration）、亲系关系（kinship）、有效种群大小（effective population size，EPS）、种群的亚分化（population subdivision）

及进化显著单元（evolutionary significant unit，ESU）的确定等方面。

1．种群遗传结构

种群遗传结构的研究主要是评估濒危物种种群间和种群内的遗传变异水平、分布及其产生的遗传多样性水平。地质事件（如冰川运动）和人类活动经常导致种群生存空间减少和种群个体数量减少，造成瓶颈效应，致使某一等位基因的频率在群体，尤其是在小群体中出现世代传递的波动。生境片段化使小群体与其他群体隔离，不能充分地随机婚配，群体内基因不能达到完全自由分离和自由组合，致使基因频率发生偏差，这种偏差不是突变、选择等因素引起的，而是由小群体内基因分离和自由组合时产生的误差引起的。种群越小，基因频率的随机波动越大（图 10.1），群体的遗传结构越易发生变化。遗传异质性和基因多样性会一代代丧失，物种适应环境的能力不断下降。因此，种群遗传结构是保护遗传学中一个最主要的研究内容。通过评估遗传变异水平，判断近亲繁殖程度、有效种群大小、种群间迁移和基因流程度，进行亲系鉴定，检测种群间杂交和基因渗透等情况，以便制定合适的保护策略。

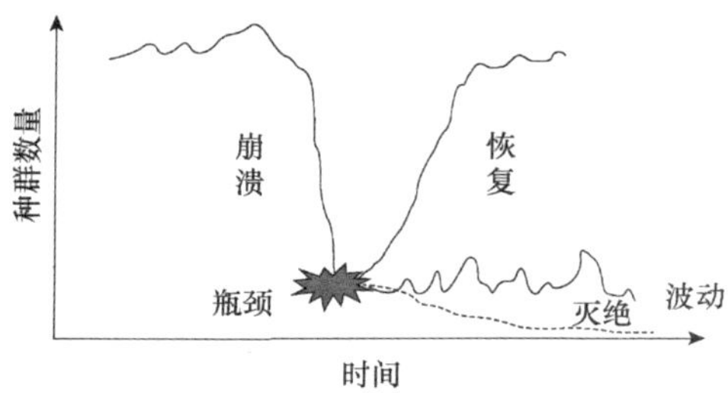

图 10.1　物种种群下降发生瓶颈效应后可能的结果

2．进化显著单元

遗传多样性是物种具有进化潜力的物质基础，因此濒临灭绝生物的保护仅保护其栖息地是不够的，还必须保持物种的进化潜力。1986 年，美国圣地亚哥动物学会的莱德（Ryder）教授提出了进化显著单元的概念，即具有共同的进化祖先但在进化过程中形成并保持着各自不同的遗传结构的一些分类单元。进化显著单元被视为物种保护的基本单元，它是保护遗传学研究中的另一个主要研究内容，对制定切实可行的保护对策有着重要的参考和应用价值。例如，宿兵等（1996）报道，中国黑冠长臂猿存在 5 个进化显著单元，为保护进化历史的遗产和各类群的进化潜力，在遗传保护过程中，就要将它们分开管理，避免杂交。

3．有效种群大小

种群大小是指一个种群中的个体总数。群体中的每个个体在同一基因座上可能携带不同的等位基因，因此在一个小群体中，每代传递到下一代个体的基因频率就会产生较大的波动，导致群体基因频率的随机变化。一个有性生殖种群中参与生殖、影响进化的个体总数称为有效种群大小（Ne），是保护遗传学和群体遗传学中的一个关键参数。

4. 基因流

一些个体从一个群体迁移到另一个群体就会把某基因带到新的群体，从而产生基因的流动，这就是基因流。基因流是影响群体内部和群体之间遗传变异程度的重要因素。

5. 迁移

迁移是指个体从一个种群迁入或迁出到另一个种群，然后参与交配繁殖，导致种群间出现基因流。它同突变一样，会带来种群基因频率的变化，是恢复种群遗传多样性的重要机制。

6. 交配系统

（1）近交

近交是指具有亲缘关系个体之间的交配。它会增加种群中纯合个体的数量并使有害等位基因表现出来。

（2）远交

远交是指亲缘关系远的个体之间的交配，包括种内、种间亲缘关系较远的个体间的交配。不同种属的两个个体之间的交配，特称为远缘杂交。

平衡种群的交配制度是随机交配，但在实际生物种群中常常出现的是非随机交配。

7. 遗传变异

遗传变异对于种群能否适应变化的环境极为重要。染色体畸变或基因突变引起的遗传变异是产生遗传多样性的根本原因，基因重组也能产生遗传变异，导致个体之间的差异（详见第二章和第三章）。

第二节 保护遗传学研究的主要方法和技术

保护遗传学研究的是影响物种灭绝的遗传因素及濒危物种的遗传管理，以降低物种的灭绝风险。保护遗传学研究，一方面以种群遗传学理论为基础，研究物种（种群）遗传变异，探讨其在环境变化和人为活动影响下的变化过程；另一方面通过系统进化的理论和方法研究物种（种群）进化历史，为生物资源的保护和利用提供理论和实践依据。随着分子遗传学的快速发展，许多新理论和新技术不断涌现并被应用到保护生物学研究的各个领域，保护遗传学已经成为保护生物学研究的一个核心部分。

一、遗传多样性研究

遗传多样性代表有机种群之间遗传结构的变异，是表征群体内遗传结构的一个信息参数，为一定基因库（gene pool）内每个基因位上等位基因数目和频率的函数。遗传多样性是生物多样性的重要组成部分。

（一）确定种群保护和利用的优先级

为了合理和有效地开展物种保护遗传学研究，首先要了解物种的遗传多样性，确定种群保护的优先级。一般而言，遗传多样性大的种群是保护首选，因为当种群间出现较大的遗传分化时，即代表物种遗传多样性分散在各种群之中，此时更多的种群需要被保护。如果种群的遗传多样性较低，而且不含新的等位基因，则该种群的保护价值小，保护的重点将放在遗传多样性大的种群上；如果种群的遗传多样性较低，但是种群有特殊等位基因，则该种群仍然有必要进行保护，因为这些特殊等位基因可能和种群适应性相关，是保护和利用的潜在资源。

（二）防止近交衰退和远交衰退

许多濒危动物在野外生存的个体数量已相当稀少，为保护这些珍稀物种不至于灭绝，对其进行人工饲养和繁殖是一种有效的途径。但是人工繁殖后会面临种群过小而导致的近交衰退（inbreeding depression）的新问题。因为近交会促进基因纯合从而提高隐性有害突变基因表达的机会；另外，近交会降低杂合子的水平，可能使稀有的有害等位基因得以表达。所以，近交衰退的原因是近交增加有害等位基因的纯合程度，导致个体适合度下降。近交衰退受物种、环境等多种因素的影响。例如，在人工环境中，近交衰退现象并不像自然环境那么明显，可能因为在人为环境中水、热和营养等条件优越，竞争小，病、虫等伤害较少。近交衰退的程度与交配制度有关。在典型的自交系统中，有害的隐性基因会因长期自交纯合而被淘汰，因此长期近交的种群比远交种群表现出较为轻弱的近交衰退。另外，近交（自交）使得种群可以减小遗传负荷（genetic load），而人为增加遗传多样性反而可能增加遗传负荷，因此如何找到这之间的平衡点将是今后的研究重点。

远交（outbreeding）是指亲缘关系远的两个个体之间的交配。远交衰退和近交衰退一样会产生较多问题。远交衰退的原因，目前有两种解释：生态学认为，两个不同的种群分别适应了各自不同的环境，存在基因型 × 环境相互作用（genotype × environment interaction），而它们的交配将“稀释”这些适应基因；遗传学则认为，种群由于受不同的选择和遗传漂变（由于某种随机因素，某一等位基因的频率在群体尤其是小群体中出现世代传递波动的现象）的影响而拥有不同的遗传组合（genetic architecture），如上位效应、显性效应等，而两个种群的交配将打破这些组合，引起后代适应性的下降。这种适应性的下降有时可能不在 F_1 表现，但将会在 F_2 或更往后的几代表现出来。

二、系统发育和地理系统发育研究

（一）系统发育

系统发育是进化学研究的一个分支。通过遗传学手段进行物种系统发育的研究，可以帮助人们弄清那些在形态分类上模棱两可的“种”，从而明确需要保护的物种，为制订合理的保护措施提供依据。例如，长江江豚（*Neophocaena asiaeorientalis*）是全世界唯一的江豚淡水种群，也是生物多样性和水生生态系统保护的新旗舰物种，仅分布于长江中下游。传统的研究中，江豚（*N. phocaenoides*）被定义为单一的种，也有研究支持两个种的假说（*N. phocaenoides* 和 *N. asiaeorientalis*），另有研究将其分为 3 个种（*N. phocaenoides*、*N. asiaeorientalis* 和 *N. sunameri*）。后来通过对江豚的从头测序和不同地理分布区个体的全基因组群体重测序分析，确定江豚为 3 个种：*N. phocaenoides*、*N. asiaeorientalis* 和 *N. sunameri*。

据估计，地球上与人类共栖共存的物种有 500 多万种，但并非所有类群对人类都同等重要。有大量的物种处于灭绝的边缘，能够得到保护的物种仅是其中的少数，因此确定优先保护的类群是保护遗传学需要解决的重要问题之一。为了确定种群的独特性，1986 年，Ryder 首次提出了进化显著单元的概念。进化显著单元被定义为存在历史隔离、独立进化、应被单独处理（management）和优先保护的种群，主要通过利用遗传学方法（如在动物中可对线粒体 DNA 进行分析，在植物中对叶绿体 DNA 进行分析等）测定种群间等位基因频率变化、种群间的遗传分化及系统发育研究来判定。为了界定异域分布的群体是种群、亚群还是物种，通常需要计算它们之间的遗传分化或遗传距离（genetic distance），即不同的种群或种之间基因差异的程度。

（二）地理系统发育

地理系统发育最初是 Avise 等在研究动物线粒体 DNA 多态性时，发现其多态性与种群的地理分布有关而提出的。这种相关性主要是与种群地理隔离和物种有限的扩散能力有关。

当物种（种群）的形成由地理隔离引起时，则物种（种群）所在的地理分布区呈明显的单系分支（monophyletic clade）。如图 10.2-1 中，A 和 B、C 互为单系（reciprocal monophyly），B 和 C 互为单系；当物种（种群）形成由扩散机制引起时，就不存在单系分支状（图 10.2-2）。因此在实际研究中，可以通过物种（种群）的系统发育关系，并结合其地理分布来探讨物种（种群）进化历史。

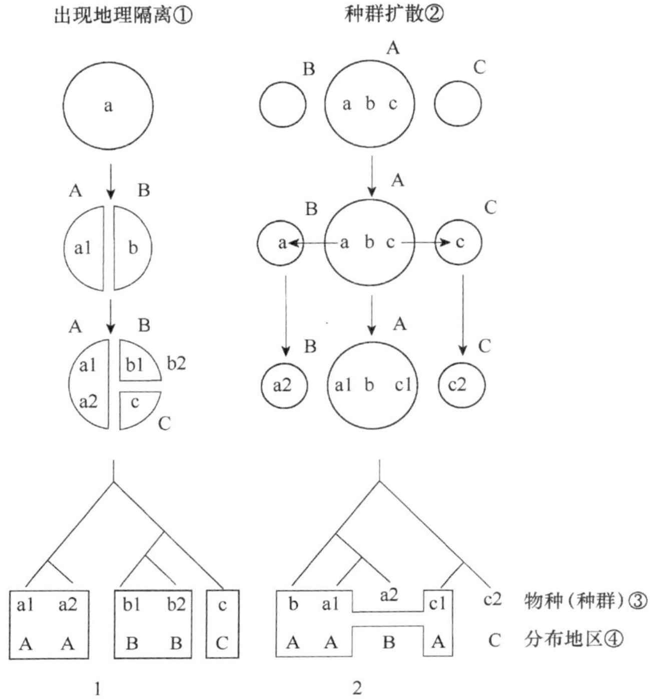

图 10.2　模拟两种不同状况下（地理隔离和种群扩散）物种（种群）地理系统发育

三、分子生物学技术在保护遗传学研究中的应用

随着分子生物学技术的发展和广泛应用，保护遗传学在 20 世纪 90 年代有了长足发展，通过采用分子标记技术获得各种遗传参数，了解和分析种群关系、种群动态变化及其进化历史，为制定保护策略提供更为精确的科学依据。

（一）形态学标记

形态学标记是与目标性状紧密连锁、表型上可识别的等位基因突变体的外部特征特性。典型的形态学标记用肉眼即可识别和观察；广义的形态学标记还包括借助简单测试即可识别的性状，如生理特性、生殖特性、抗病性、抗虫性等。形态学标记已被广泛用于保护遗传学研究。例如，张峰通过分析矮牡丹的开花和结实率、种子萌发率及其株高等形态学特征，不仅正确地分析了矮牡丹濒危的原因，还提出了具体、科学的保护措施。

但是，表型性状是基因型与环境共同作用的结果，表型性状的变异往往并不能真实地反映遗传变异。另外，形态学标记的数量有限，观测标准容易受到观测者主观判断的影响。因此，要更加准确、全面地了解物种的遗传多样性，仅仅依赖形态学标记是远远不够的，还必须结合其他的标记技术，进行更深层次的研究。

（二）细胞学标记

细胞学标记主要是对染色体的核型（包括染色体的数量和结构）和带型进行分析。染色体的核型、带型等是表明某物种系统演化位置及其和近缘种亲缘关系的重要依据，对其进行分析是探讨生物亲缘关系和进化趋势的一个重要途径。研究表明，在任何生物的天然种群中，都存在或大或小的染色体变异。例如，李红等采用常规根尖压片法对 15 种珍稀濒危植物的染色体数目进行统计，并对其中的 5 种植物进行了核型分析。结果表明，12 种植物染色体属二倍体，3 种植物有四倍体、五倍体、六倍体现象；5 种植物染色体核型公式分别为：贺兰山岩黄芪（*Hedysarum petroviii*）$2n$=16=14m+2sm，内蒙古西风芹（*Seseli intramongolicur*）$2n$=16=14m+2sm，阿拉善黄芩（*Scutellaria alaschanica*）$2n$=10=8m+2sm，斑子麻黄（*Ephedra rhytidosperma*）$2n$=14=10m+4sm，西藏点地梅（*Andrwwe marine* var. *tihetica*）$2n$=20=20m，均属原始类型。研究结果为上述濒危植物及其他濒危物种的保护提供了宝贵的理论依据。

（三）生物化学标记

生物化学标记是指利用生物代谢过程中具有特殊意义的生化成分或产物进行品种鉴定和遗传多样性研究的技术。许多蛋白质（包括非酶蛋白和酶蛋白）分子数量丰富，分析简单快速，能很好地反映遗传多样性，是比较理想的遗传标记。在非酶蛋白中，用得比较多的是种子贮藏蛋白；在酶蛋白中，用得比较多的是同工酶（isoenzyme），即具有相同催化功能而结构及理化性质不同的一类酶，可以从蛋白质水平反映生物的遗传变异，被广泛应用于种群遗传结构与交配系统的研究、种群内与种群间等位基因频率的估测及品种鉴定等方面。例如，李晓红等采用同工酶电泳技术，对分布在井冈山的长柄双花木（*Disanthus cercidifolius* var. *longipes*）5 个种群的生态遗传分化进行了研究。结果表明，长柄双花木总体生态遗传分化程度很低，并提出如果其生境保护不当，该物种将有灭绝的可能。

（四）DNA 分子标记

DNA 分子标记是以个体间核苷酸序列差异为基础的遗传标记，是 DNA 水平上遗传变异的直接反映，能更准确地揭示种、变种、品种、品系乃至无性系间的差异。各种 DNA 分子技术，如限制性片段长度多态性（restriction fragment length polymorphisms，RFLP）技术、DNA 指纹（DNA finger printing）技术、微卫星（microsatellite）扩增技术、随机扩增多态 DNA（random amplified polymorphic DNA，RAPD）技术、主要组织相容性复合体（major histocompatibility complex，MHC）研究及 DNA（主要是线粒体 DNA 上的一些基因片段）序列测定等在保护遗传学研究中都得到了充分的运用，是鉴定稀有和濒危物种遗传多样性进而制定保护策略的重要方法。

四、遗传取样法

通过分子生物学技术获取动物的 DNA 并研究其遗传信息是遗传多样性研究和野生动物保护遗传学研究的重要手段。进行 DNA 分析的首要工作是采集分析样品，常用的获取实验材料的方法有三种，即伤害性取样法（destructive sampling）、非伤害性取样法（nondestructive sampling）和非损伤性取样法（noninvasive sampling）。

1. 伤害性取样法

伤害性取样法就是杀死动物以获取新鲜的肌肉、肝脏和血液等组织样品。这种取样方法对于物种的破坏极大，特别是对于珍稀濒危物种而言，它的破坏力是毁灭性的。因此，这种取样方法对于非珍稀物种也许是可行的，但对珍稀濒危物种来说则既不科学也不现实。因此，许多研究者已经放弃了这种取样方法。

2. 非伤害性取样法

非伤害性取样法是通过捕获动物来抽取血液，拔取毛发或羽毛，采取耳、尾或趾等分析样品。虽然该方法不至于导致动物死亡，但对珍稀濒危动物均会或多或少地造成伤害。

3. 非损伤性取样法

非损伤性取样法是在不捕获、不触及或不伤害，甚至是在未亲眼见到野生动物本身的情况下，通过收集脱落的毛发或羽毛、粪便、尿液、食物残渣（含有口腔脱落细胞）、鹿角、鱼鳞、卵壳及馆藏标本等不同形式的分析样品，获取样品中的 DNA 而进行遗传分析的一种取样方法。在上述非损伤性取样法中，粪便内的肠壁脱落细胞、毛发毛囊所含有的细胞等是获得所研究物种 DNA 的可靠途径。其优点主要表现在下列三个方面。①在不伤害或不打扰野生动物的情况下获取 DNA 样品。②更适合于大多数大型野生动物研究。许多珍稀濒危动物的种群密度较低，通常比较警觉又生活在比较复杂的环境中。非损伤性取样法将能够在更广的范围内收集研究对象的样品。③样品来源丰富，采集简单易行，基于充足的采样量，分析结果也更准确可靠。最早报道利用毛发获取 DNA 的方法来自于法医相关研究，他们发现人的发根中含有足量的 DNA，能扩增出 mtDNA 和核基因的某些位点。随后这项技术在灵长类和熊类等珍稀濒危动物的研究中得到应用。粪便样品不仅可以用来研究稀有物种的种群遗传学，也能了解其部分取食行为。粪便中 DNA 的分析，在野生动物物种鉴定、性别确定、种群数量调查和保护管理单元的制订等方面均发挥了重要作用。

虽然非损伤性取样法具有不伤害野生动物、价格低廉等众多优点，但是也存在不足之处，主要表现为利用非损伤性取样法获得的 DNA 质量比较差，常常存在严重的降解，容易受外源基因污染；利用非损伤性取样法采集的样品 DNA 量少，一般都仅含有微量的 DNA；在微卫星分析和序列测定中往往会出现假性等位基因等问题。

随着 PCR 技术的产生和不断发展及许多新的 DNA 提取方法的出现，人们已经认识到馆藏标本在保护遗传学研究中的潜在价值。馆藏标本包括皮张、骨骼及浸泡在福尔马林或乙醇溶液中的软组织等，在这些标本中都或多或少地保留有部分 DNA，因此可以作为一些研究中野外标本收集不足的补充。例如，Wayne 等（1991）通过比较红狼（*Canis rufus*）、丛林狼（*Canis latrans*）、灰狼（*Canis lupus*）及 20 世纪早期收集的红狼标本的 mtDNA 的同源序列和核基因的微卫星位点，发现红狼是起源于灰狼和丛林狼的杂交种，而不是灰狼和丛林狼的祖先。

第三节　保护遗传学研究的意义

保护遗传学的研究，不仅对珍稀濒危物种保护管理策略的制定和实施具有重要的理论意义和科学的指导作用，也为农作物和畜禽等品种的遗传保护提供科学依据和技术手段，因此保护遗传学的研究具有重要的理论意义和应用价值，越来越受到保护生物学家的高度重视。

一、遗传多样性保护的主要途径

（一）就地保护

就地保护是在原来的生境中将含有保护对象在内的一定面积的陆地或水体划分出来进行保护和管理，即建立自然保护区，使濒危生物有一个休养生息的空间，这是濒危生物解危的主要措施。1956 年，我国在广东肇庆建立了第一个自然保护区——鼎湖山国家级自然保护区，以保护南亚热带季风常绿阔叶林。至 2017 年底，我国（不含香港、澳门特别行政区和台湾地区）共建立各种类型、不同级别的自然保护区 2750 个，其中国家级自然保护区 463 个。截至 2018 年，我国成功申报 34 个世界生物圈保护区。各种濒危生物在不同自然保护区中得到了较好的保护，如大熊猫（图 10.3）（包括四川卧龙等 16 个自然保护区）、华南虎（图 10.4）（浙江凤阳山-百山祖国家级自然保护区）、麋鹿（图 10.5）（江苏大丰麋鹿国家级自然保护区）、扬子鳄（图 10.6）（安徽扬子鳄国家级自然保护区）、朱鹮（图 10.7）（陕西

图 10.3　大熊猫

汉中朱鹮国家级自然保护区)、大田坡鹿(图 10.8)(海南大田坡鹿国家级自然保护区)等。超过 90%的陆地自然生态系统都建有代表性的自然保护区(图 10.9),89%的国家重点保护野生动植物种类及大多数重要自然遗迹在自然保护区内得到保护,部分珍稀濒危物种野外种群逐步恢复。

图 10.4　华南虎

图 10.5　麋鹿

图 10.6　扬子鳄

图 10.7　朱鹮

图 10.8　大田坡鹿

图 10.9　长白山国家级自然保护区温带森林生态系统

（二）迁地保护

迁地保护是指把因为生存条件不复存在，物种数量极少或难以找到配偶等原因，生存和繁衍受到严重威胁的物种迁出原地，放到圈养环境里对其进行繁殖，或保存其遗传繁殖群。迁地保护的目的是增加濒危物种的种群数量，当迁地种群数量增加时，通过释放迁地种群的繁育后代不断补充野生种群，增加野生种群的遗传多样性。所以，迁地保护是为补充野生种群提供后备基因库，而不是用人工种群取代野生种群。另外，通过迁地保护，可获得管理野生种群的经验，并为那些野外生境不复存在的物种提供最后的生存机会。

迁地保护是就地保护的补充。动物迁地保护设施主要包括动物园、水族馆和濒危动物繁育中心等。我国已建立动物园和大型公园的动物区达数百个，并建立了主要珍稀动物的人工种群繁殖中心和基地。植物迁地保护主要是建立植物园和树木园。在全世界不同类型的植物园中容纳了现生主要采集植物。我国目前已建立植物园 140 多个。

（三）离体保护

离体保护是将生物个体的某一部分保存在特殊的环境中。种子库是在适当的低温下保存植物的种子。例如，复旦大学钟扬教授采集了上千种植物的 4000 万颗种子，很多被存放在中国西南野生生物种质资源库的冰库里，可以存放 100～400 年；在广西农业科学院建立的我国第一座农作物品种资源库，可以储存 10 万种不同品种的农作物种子。基因资源库（genome resource bank）是将生物组织和细胞、孢粉及动物的精液、卵子和胚胎以冷冻储存（−196℃的液氮环境中）或以培养液长期保存的场所。中国科学院生物化学与细胞生物学研究所和昆明动物研究所等分别建立了保存多种生物细胞的细胞库。

二、珍稀濒危生物的保护

保护遗传学的研究成果不仅在许多重要的珍稀濒危生物的保护计划和实施中得到了广泛应用，也对一些保护政策的制定和修改产生了重要影响。美国红狼保护地位的修改就是一个非常著名的例子。红狼是个独立种还是灰狼的一个亚种一直存在争论。形态学和分子遗传学的研究结果都证实，红狼是灰狼一亚种与丛林狼之间的杂交种。但是原有的保护政策规定杂交种不被保护，使得红狼得不到保护，使其生存处于危险境地。为了保护这一珍稀类群，美国根据保护遗传学的研究结果对一些保护政策进行了调整，使红狼得到了很好的保护。

我国幅员辽阔，横跨寒温带、温带、暖温带和亚热带，具有丰富的野生动植物资源，是世界上动物资源最丰富的国家之一。据统计，我国哺乳类、鸟类、爬行类和两栖类动物种数分别约占世界总数的 14%、13%、6%和 7%。我国同时

图 10.10 新疆虎

也是生物多样性遭受破坏最严重的国家之一，我国原有的新疆虎（图 10.10）、普氏野马（图 10.11）、台湾云豹（图 10.12）、中国犀牛（图 10.13）、中国豚鹿（图 10.14）、白臀叶猴（图 10.15）、小齿灵猫（图 10.16）等已经灭绝，众多的珍稀动植物处于濒危状态。在《濒危野生动植物种国际贸易公约》中列出的 640 个世界性濒危物种中，中国的濒危物种约占总数的 1/4，其中高等野生动物就有 118 种。据《中国物种红色名录》统计，我国鱼类、两栖爬行类、鸟类和兽类濒危的物种分别约占各物种的 38%、12%、2%和16%，导致濒危的主要因素是栖息地退化和丧失。

为了保护濒危的珍稀动植物资源，我国采取了多项拯救和保护措施，建立了 14 个野生动物救护繁育中心和 400 多处珍稀植物种质种源基地。实施了“中国保护大熊猫及其栖息地工程”，使大熊猫栖息地得到了较好的保护，种群下降趋势得到有效遏制。扬子鳄（*Alligator sinensis*）曾广泛分布于长江和黄河流域，但是由于栖息地生态环境的恶化、气候的变化、人类的稻作生产及捕杀，扬子鳄数量急剧减少，如今只有不超过 150 条野生扬子鳄分布于安徽省宣城市。扬子鳄成为中国特有

图 10.11 普氏野马

图 10.12 台湾云豹

图 10.13 中国犀牛

图 10.14 中国豚鹿

图 10.15 白臀叶猴

图 10.16 小齿灵猫

的珍稀濒危物种，也是世界上现存 23 种鳄中最濒危的物种之一。为了保护这一物种，自 20 世纪 70 年代末以来，我国先后建立了安徽省扬子鳄繁殖研究中心和浙江长兴扬子鳄省级自然保护区。大熊猫野外种群数量达到 1800 多只，2016 年世界自然保护联盟（International Union for Conservation of Nature，IUCN）将大熊猫从“濒危”降为“易危”等级，标志着中国大熊猫保护工作取得了显著成效，为世界生物多样性保护树立了成功的范例；大田坡鹿种群数量由仅存 26 只恢复到 1780 只，朱鹮已由发现时的 7 只恢复到近 2000 只，东北虎、东北豹、亚洲象等物种数量明显增加。

三、作物遗传资源保护

作物遗传资源是生物多样性的重要组成部分。由于气候变化、人口增长、自然环境条件恶化、外来种入侵和混杂等，一些重要的作物遗传品种及其野生近缘植物正在迅速减少，甚至灭绝。因此，作物遗传资源多样性保护和可持续利用问题已列为联合国《生物多样性公约》的主要内容。我国的作物遗传资源种类丰富，数量位居世界前列，目前已经编入全国遗传资源目录的主要作物种类有 600 多种，其中粮食作物 30 多种，蔬菜 110 多种，果树约 140 种。数量为 37 万份以上，其中栽培品种 35 万份，占总数的 95%，起源于我国的有 292 种。在栽培的作物中野生种多。例如，在 30 多种粮食作物中有 11 种（稻、大麦、燕麦、粟、黍、稗、小豆、绿豆等）具有野生种。但是，由于自然和人为的各种原因，目前我国自然物种正以每天 1 个的速度走向濒危甚至灭绝，作物栽培品种正以每年 15%的速度在递减。新品种的推广，致使大量的老品种特别是农家（地方）品种被淘汰。例如，20 世纪 40 年代，我国种植的水稻品种有 46 000 多个，现在不到 1000 个，其中面积在 1 万 hm^2 以上的只有 300 个左右，而且半数以上是杂交稻；20 世纪 40 年代，中国种植的小麦品种有 13 000 多个，其中 80%以上是地方品种，到 20 世纪末种植的小麦品种只有 500～600 个，而且 90%以上是选育品种，原有的地方品种几乎灭绝；山东省种植的花生品种在 1963 年大约有 470 个，1981 年尚存 30 个，到目前仅存 15 个左右；我国是大豆的原产国，世界 90%以上的野生大豆资源分布在我国，但是在美国的作物基因库中保存的大豆资源已达 20 000 多份，仅次于我国，很多原产我国的大豆资源成了美国的专利产品。如何保护这些珍贵的种质资源，使其不被混杂、不绝灭、不流失，是我国生物保护工作者面临的一项艰巨任务。

为了保证作物野生近缘植物遗传资源不在自然环境中消失，我国对主要粮食和农业植物野生种进行了系统调查和编目，自 2001 年起，农业部（现农业农村部）开始进行作物野生近缘植物原生境保护点建设，制定了相关的原生境保护点建设技术规范、管理技术规范和监测预警技术规范，确立了围栏、围墙、天然屏障、植物篱笆等几种适合中国国情的保护方式，建立了 100 多个原生境保护点，使野生稻、野生大豆、小麦野生近缘植物、野生莲、金荞麦、冬虫夏草、野生苹果、野生猕猴桃、中华水韭、野生茶、野生荔枝、野生枸杞等 26 类野生近缘植物得到较好的保护。2003 年建成了“作物基因资源与基因改良国家重大科学工程”（下辖开放实验室），为具有重大应用前景新基因的鉴定、发掘等提供条件平台。通过制定和完善相关的法律法规，加强粮食和农业植物遗传资源的管理，1996 年颁布了《中华人民共和国野生植物保护条例》，禁止任何单位和个人非法采集野生植物或破坏其生长环境，规定任何单位和个人都有保护野生植物资源的义务；1999 年加入了国际植物新品种保护联盟；2000 年颁布实施了《中华人民共和国种子法》，禁止采集或者采伐国家重点保护的天然种质资源，依法保护我国的种质资源；2001 年制定了《农业转基因生物安全管理条例》，防范农业转基因生物对人类、动植物和微生物及生态环境构成潜在风险；2003 年的《农作物种质资源管理办法》明确指出，国家依法保护和监督农作物种质资源及其收集、整理、鉴定、登记、保存、交流、利用和管理等活动，任何单位和个人不得侵占和破坏种质资源；2004 年，国务院出台了《国务院办公厅关于加强生物物种资源保护和管理的通知》，对生物遗传资源管理部门的分工与合作做出了明确的规定。1984 年建成我国自行设计的国家作物种质库 1 号库，目前已经初步形成了我国作物种质资源中长期保存与分发体系，共保存 4.5 万份种质，涵盖 1026 个物种（含亚种）。

四、畜禽遗传资源保护

畜禽遗传资源也称品种资源（germplasm resource），是指栖居在地球上改变或未改变环境条件下全部家畜及家禽品种的类型、变种和群体。畜禽遗传资源是培育新品种、保护生物多样性、实现畜牧业可持续发展战略的物质基础，是重要的生物资源。我国是世界上畜禽遗传资源最丰富的国家之一，畜禽遗传资源约占世界总量的 1/6，农业部 2004～2008 年全国畜禽遗传资源调查结果显示，我国有畜禽品种、配套系 901 个，其中地方品种 554 个。这些地方品种普遍具有繁殖力高、肉质鲜美、适应性强、耐粗饲等优良特性，有的还具有药用、竞技等价值，是培育新品种不可缺少的原始素材，是我国畜牧业可持续发展的宝贵资源。我国的畜禽遗传资源也对世界畜禽育种做出了重大的贡献。例如，德、法、美等国利用番禺猪改进猪肉的品质；法、英等国采用太湖猪提高猪的产仔数；英国利用狼山鸡育成奥品顿鸡；英、美等国利用北京鸭育成樱桃谷鸭和枫叶鸭等。

但是近 20 年来，中国已有 10 多个畜禽品种绝迹，20 多个品种濒危，百余个品种数量急剧下降。优秀物种资源的消失，给中国和世界的食物安全造成了不利影响。为了保护已有的优良畜禽种质资源，1996 年农业部批准成立了国家家畜禽遗传资源管理委员会，2007 年成立了国家畜禽遗传资源委员会，下设猪、家禽、牛马驼、羊、蜜蜂和其他 6 个专业委员会。农业部制定了《全国畜禽遗传资源保护和利用“十三五”规划》，进一步加强畜禽遗传资源保护、开发利用工作，维护生物多样性，促进现代畜牧业可持续发展。国家组织实施了畜禽良种工程和种质资源保护项目，建设了一批重点畜禽保种场、保护区和基因库。我国已初步建立了畜禽遗传资源保护体系；采取活体保种和遗传物质保存相结合，抢救了五指山猪、矮脚鸡等一批濒临灭绝的畜禽品种，使 100 多个珍贵、稀有、濒危的畜禽品种得到了重点保护。

思　考　题

1. 保护生物多样性有哪些主要途径？
2. 简述保护遗传学的主要研究内容。
3. 近交衰退可能的原因有哪些？
4. 在大熊猫的遗传保护方面，你有什么建议与措施？
5. 生物多样性包括哪几个主要层次？
6. 畜禽遗传资源保护有哪些重要意义？
7. 我国为加强作物遗传资源保护采取了哪些主要措施？

主要参考文献

曹丽敏，司马永康，曹利民，等. 2001. 保护生物学概述. 云南大学学报（自然科学版），23：65-70

陈珉，张恩迪，李冰. 2007. 虎的保护遗传学研究进展. 四川动物，26（1）：216-220

程罗根. 2015. 人类遗传学导论. 北京：科学出版社

戴灼华，王亚馥. 2008. 遗传学. 2 版. 北京：高等教育出版社

付玉明，李素萍，吴跃峰. 2008. 鸟类保护遗传学研究技术与进展. 河北师范大学学报（自然科学版），32（3）：397-403

傅之屏，房凯，刘君荣. 1997. 保护生物学的兴起与发展. 绵阳师范专科学校学报（自然科学版），15（2）：49-55

贺俊英，杨美青. 2008. 国内有关遗传多样性分析在濒危植物保护遗传学中的应用进展. 内蒙古师范大学学报（自然科学汉文版），37（5）：650-655
贺竹梅. 2011. 现代遗传学教程. 2 版. 北京：高等教育出版社
蒋志刚，马克平，韩兴国. 1999. 保护生物学. 杭州：浙江科学技术出版社
李昂，葛颂. 2002. 植物保护遗传学研究进展. 生物多样性，10（1）：61-71
李红，燕玲，李佳桃. 2003. 15 种珍稀濒危植物染色体数目及其核型分析. 内蒙古农业大学学报（自然科学版），24（3）：14-22
李明，魏辅文，饶刚，等. 2001. 非损伤性取样法在保护遗传学研究中的应用. 动物学报，47（3）：338-342
李明，魏辅文，谢菁，等. 2000. 保护生物学一新分支学科——保护遗传学. 四川动物，19（5）：16-19
李瑞彪，陈宏，倪忙生. 2002. 我国畜禽遗传资源保护利用方法的思考. 家畜生态，23（4）：52-55
李晓红，肖宜安，胡文海，等. 2005. 濒危植物长柄双花木生态遗传分化的同工酶分析. 井冈山学院学报（自然科学版），26（3）：34-38
李亚妮. 2006. 保护生物学研究进展. 延安大学学报（自然科学版），25（1）：67-69，35
廖秀健. 2010. 我国作物遗传资源保护现状与对策分析. 生态经济，221（2）：179-181
林翃，方盛国. 2005. 基因组文库构建及其在保护遗传学中的应用前景. 兽类学报，25（1）：86-90
刘祖洞，乔守怡，吴燕华，等. 2013. 遗传学. 3 版. 北京：高等教育出版社
卢新雄，曹永生. 2001. 作物种质资源保存现状与展望. 中国农业科技导报，3（3）：43-47
马克平. 2016. 保护生物学、保护生态学与生物多样性科学. 生物多样性，24（2）：125-126
倪慧勇，袁明，闫振富，等. 2018. 保护地方畜禽品种资源推动特色畜牧业发展. 中国畜牧业，15：32-33
钱迎倩，马克平. 1994. 生物多样性研究的原理与方法. 北京：中国科学技术出版社
尚占环，姚爱兴. 2002. 生物遗传多样性研究方法及其保护措施. 宁夏农学院学报，23（1）：66-69
石春海. 2007. 现代遗传学概论. 杭州：浙江大学出版社
时明芝，肖宜安，李晓红. 2003. 保护遗传学及其在濒危植物研究中的应用. 世界林业研究，16（4）：13-16
谭鑫鑫，李明. 2018. 从保护遗传学到保护基因组学. 安徽大学学报（自然科学版），42（6）：22-28
唐力，陈超，庄道元. 2012. 中国原始品种遗传资源与水稻生产的实证研究——基于实质性派生品种制度视角. 资源科学，34（4）：740-748
万福德. 1996. 医学分子生物学词典. 北京：北京医科大学；北京：中国协和医科大学联合出版社
王伯荪，彭少麟. 1997. 植被生态学——群落与生态系统. 北京：中国环境科学技术出版社
王述民，李立会，黎裕，等. 2011a. 中国粮食和农业植物遗传资源状况报告（Ⅰ）. 植物遗传资源学报，12（1）：1-12
王述民，李立会，黎裕，等. 2011b. 中国粮食和农业植物遗传资源状况报告（Ⅱ）. 植物遗传

资源学报，12（2）：167-177
王峥峰，葛学军．2009．不仅仅是遗传多样性：植物保护遗传学进展．生物多样性，17（4）：330-339
王峥峰，彭少麟．2003．植物保护遗传学．生态学报，23（1）：158-172
魏辅文．2018．大熊猫演化保护生物学研究．中国科学：生命科学，48（10）：1048-1053
魏辅文，娄治平．2010．中国野生动物保护研究现状．生物多样性保护，25（6）：658-673
肖宜安，时明芝，李晓红，等．2003．保护生物学研究进展及其与可持续发展的关系．聊城大学学报（自然科学版），16（4）：46-49
宿兵，Kressirer P，Monda K，等．1996．中国黑冠长臂猿的遗传多样性及其分子系统学研究——非损伤性取样 DNA 序列分析．中国科学（C 辑），26（5）：414-419
于福清．2011．加强畜禽遗传资源保护与利用思路建议．中国牛业科学，37（3）：44-46
张峰．2003．濒危植物矮牡丹致濒原因分析．生态学报，23（7）：1436-1441
张苗．2017．保护生物学研究现状．农村经济与科技，28（8）：230
郑殿升，黄善武，戚春章，等．1989．中国的作物遗传资源．世界农业，7：16-18
朱海涛，郑涛，吴孝兵．2011．扬子鳄的保护遗传学研究进展．四川动物，30（2）：301-303
Avise JC. 2000. Phylogeography: The History and Formation of Species. Cambridge: Harvard University Press
Avise JC, Arnold J, Ball M, et al.1987. Intraspecific phylogeography: the mitochondrial DNA bridge between population genetics and systematics. Ann Rev Ecol Syst, 18: 489-522
Avise JC, Hamrick JL. 1996. Conservation Genetics, Case Histories from Nature. New York: Chapman & Hall
Coates DJ. 2000. Defining conservation units in a rich and fragmented flora: implications for the management of genetic resources and evolutionary processes in south-west Australian plants. Aust J Bot, 48: 329-339
Crandall KA, Bininda-Emonds ORP, Mace GM, et al. 2000. Considering evolutionary processes in conservation biology. TREE, 15(7): 290-295
Ferguson ME, Ford-Lloyd BV, Robertson LD, et al. 1998. Mapping the geographical distribution of genetic variation in the genus *Lens* for the enhanced conservation of plant genetic diversity. Mol Ecol, 7: 1743-1755
Frankham R, Ballou JD, Briscoe DA. 2002. Introduction to Conservation Genetics. Cambridge: Cambridge University Press
Haig SM. 1998. Molecular contributions to conservation. Ecology, 79(2): 413-425
Hopper SD. 2000. How well do phylogenetics inform the conservation of Australian plants. Aust J Bot, 48: 321-328
Krauss SL. 2000. Patterns of mating in *Persoonia mollis* (Proteaceae) revealed by an analysis of paternity using AFLP: implications for conservation. Aust J Bot, 48: 349-356
May RM, Lawton JH, Stork NE. 1995. Assessing extinction rates. Oxford: Oxford University Press
Montalvo AM, Ellstrand NC. 2001. Nonlocal transplantation and out breeding depression in the subshrub *Lotus scoparius*(Fabaceae). Am J Bot, 88: 258-269
Moran GF, Butcher PA, Glaubiz JC. 2000. Application of genetic markers in the domestication and

utilization of genetic resources of Australasian tree species. Aust J Bot, 48: 313-320

Nei M, Maruyama T, Chakraborty R. 1975. The bottleneck effect and genetic variability in populations. Evolution, 29: 1-10

O'Brien SJ, Maryr E. 1991. Bureaucratic mischief: recognizing endangered species and subspecies. Science, 251: 1187-1188

Oostermeijer JGB, Berholz A, Poschlod P. 1996. Genetic aspects of fragmented plant populations. *In*: Settle J, Margules C, Poschlod P, et al. Species Survival in Fragmented Landscapes. Dordrecht: Kluwer Academic Publishers

Rieger R, Michaelis A, Green MM. 1991. Glossary of Genetics. 5th ed. German: Springer-Verlag

Rosseto M, Harriss FCL, Mclauchlan A, et al. 2000. Interspecific amplification of tea tree(*Melaleuca alternifolia* Myrtaceae) microsatellite loci-potential implications for conservation studies. Aust J Bot, 48: 367-373

Ryder OA. 1986. Species conservation and systematics: the dilemma of subspecies. Trends Ecol Evol, 1: 9-10

Sambrook J, Fritsch EF, Maniatis T. 1992. 分子克隆实验指南. 2 版. 北京：科学出版社

Schmidt K, Jenson K. 2000. Genetic structure and AFLP variation of remnant populations in the rare plant *Pedicularis palustris* (Scrophulariaceae) and its relation to population size and reproductive components. Am J Bot, 87: 678-689

Wayne RK, Jenks SM. 1991. Mitochondrial DNA analysis implying extensive hybridization of the endangered red wolf *Canis rufus*. Nature, 351: 565-568

Wolf AT, Howe RW, Hamrick JL. 2000. Genetic diversity and population structure of the serpentine endemic *Calystegia collina* (Convolvulaceae) in northern California. Am J Bot, 87(8): 1138-1146

Wright S. 1931. Evolution in Mendelian populations. Genetics, 16: 97-115

Zhang DY, Jiang XH. 1999. Progress in studies of genetic diversity and conservation biology of endangered plant species. Chin Biodiver, 7(1): 31-37